中国石油文化

主　编　方凤玲

副主编　杨关玲子　曹培强

参　编　李静静　吴建伟　余燕飞

机械工业出版社

本书让我们从世界和中国石油工业发展的历程中了解石油文化的内涵、表现形态，特别是中国石油文化的形成与发展，帮助我们深刻领会中国石油文化具有的准军事的组织文化、融合的多元文化、特有的政治文化、独特的会战文化和典型的榜样文化等独特个性，同时借鉴国外先进石油企业文化，明确在经济全球化背景下大力发展石油文化的国际化战略、自主创新战略、"竞合"战略，促使我国石油行业从业者自觉遵守石油工程伦理要求，树立为石油事业奋斗的崇高理想和奉献精神，为提升我国石油行业的国际竞争力和可持续发展做出应有的贡献。

本书触摸石油精神的初心，大力传承、弘扬石油文化，传播社会主义核心价值观，非常适合石油、石化类高校教学及石油、石化相关企业员工培训使用，也有利于社会各个层面人员准确了解我国石油文化的内涵和特征。

图书在版编目（CIP）数据

中国石油文化/方凤玲主编. —北京：机械工业出版社，2019.5

ISBN 978-7-111-62590-2

Ⅰ. ①中… Ⅱ. ①方… Ⅲ. ①石油－基本知识
Ⅳ. ①TE626

中国版本图书馆 CIP 数据核字（2019）第 078347 号

机械工业出版社（北京市百万庄大街22号　邮政编码100037）
策划编辑：易　敏　韩效杰　责任编辑：易　敏　韩效杰　孙司宇
责任校对：赵　燕　肖　琳　封面设计：鞠　杨
责任印制：张　博
北京铭成印刷有限公司印刷
2019 年 7 月第 1 版第 1 次印刷
169mm×239mm·13.5 印张·224 千字
标准书号：ISBN 978-7-111-62590-2
定价：36.00 元

电话服务　　　　　　　　　　网络服务
客服电话：010-88361066　　　机　工　官　网：www.cmpbook.com
　　　　　010-88379833　　　机　工　官　博：weibo.com/cmp1952
　　　　　010-68326294　　　金　书　网：www.golden-book.com
封底无防伪标均为盗版　机工教育服务网：www.cmpedu.com

前　言

PREFACE

　　石油不仅是工农业生产、国防和交通运输的重要能源，还是生活用品的重要原料，我们身边无数的生活用品都是用石油直接或间接生产出来的。一滴油，浓稠厚重，默默地融入雪域高原、戈壁荒漠、黄土高坡、平原陆地，融入祖国的大江南北。一滴油，沉淀了石油人"我为祖国献石油"的壮志魂魄，传承的是"宁可少活二十年，拼命也要拿下大油田""有条件要上，没有条件创造条件也要上"的奋发图强、自力更生、以实际行动为中国人民争气的爱国主义精神。这是一种无所畏惧、勇挑重任、靠自己的双手艰苦创业的革命精神；这是一种一丝不苟、认真负责、讲究科学、"三老四严"、踏踏实实做好本职工作的求实精神；这是一种胸怀全局、忘我劳动、为国分忧、不计个人得失的献身精神……

　　这些精神，足以让我们感动一生、追随一生。本书让我们从世界和中国石油工业发展的历程中，了解石油文化的形成与发展，深刻领会中国石油传统文化的独特个性和在新时期的转型与发展，同时借鉴国外先进石油企业文化，明确在经济全球化背景下大力发展石油文化的国际化战略、自主创新战略、"竞合"战略，促使我国石油行业从业者自觉遵守石油工程伦理要求，树立为石油事业奋斗的崇高理想和奉献精神，为提升我国石油行业的国际竞争力和可持续发展做出应有的贡献。

　　本书为"学堂在线"慕课平台上线课程"中国石油文化"的配套教材。作者本着触摸石油精神的初心、感受石油精神的韧劲、捕捉石油精神的传承的理念，大力弘扬石油文化，传播社会主义核心价值观进行写作。本书在每章的学习目标中，明确了该章主要内容、教学要求、要达到的教学目标，以及学生和读者学习后应具备的能力；在内容阐述中配有丰富的图片，还穿插了一些拓展资料，既便于学生学习，也使图书版面更加灵活，既提高了可读性，也有利于学生对所学知识的理解和掌握；每章结束后有思考与讨论，以及在线平台的测试题，便于检验学生的学习效果。

本书由方凤玲任主编，杨关玲子、曹培强任副主编。

本书编写分工如下：方凤玲编写绪论和第 6 章；曹培强编写第 2、4 章；李静静编写第 1 章；余燕飞编写第 3 章；吴建伟编写第 5 章；杨关玲子编写第 7 章；方凤玲对全书进行了统稿。

由于编者水平有限，书中难免存在这样或那样的缺点和不足，恳请广大读者批评、指正。

编　者

目　录

CONTENTS

绪　论
走进石油

学习目标

了解石油不仅影响经济波动，是国民经济的血液，还是维持国家生产、经济增长和人们生活的必需品；

在阐述三次石油危机与经济危机关系的基础上，明确学习中国石油文化的重要意义，深刻领会孕育了"大庆精神、铁人精神"的石油精神。

1. 石油与生活

说起石油，我们马上会联想到北宋年间沈括在《梦溪笔谈》中记述的一种可燃烧的黏稠液体，想到交通工具的燃油。其实，石油不仅是工农业生产、国防和交通运输的重要能源，还是生活用品的重要原料，我们身边的无数生活用品都是用石油直接或间接生产出来的。大到太空中的飞船、天上飞的飞机、海上的轮船、陆地上的火车、汽车，小到我们日常使用的计算机、办公桌，以及我们住的房屋、穿的五颜六色的漂亮衣服、用的食品包装容器等等，这些都跟石油化工有着密切的关系。可以说，在我们的日常生活中，石油的影子无处不在。那么，人一生，会用掉多少石油呢？我们从小到大一直到老，会"穿"掉290千克石油，"吃"掉551千克石油，"住"掉3790千克石油。可以说，我们日常生活中的"衣、食、住、行、用"样样都离不开石化产品。

拓展阅读

石油，地质勘探的主要对象之一，是一种黏稠的、深褐色的液体，被称为"工业的血液"。地壳上层部分有石油储存。石油的主要成分是各种烷烃、环烷烃、芳香烃的混合物。

石油的成油机理有生物沉积变油和石化油两种学说，前者较广为接受，认为石油是古代海洋或湖泊中的生物经过漫长的演化形成，属于生物沉积变油，不可再生；后者认为石油是由地壳内本身的碳生成，与生物无关，可再生。石油主要被用来作为燃油和汽油，也是许多化学工业产品，如溶液、化肥、杀虫剂和塑料等的原料。

（资料来源：百度百科 https://baike.baidu.com/item/石油/322780？fr = aladdin。）

因为有了石油，我们才能饥有所食，寒有所居，行有所依。那么，我们居住的地球上的石油会不会用尽呢？现在，我们假设一下，如果地球上的石油用完了，石油资源被消耗尽了，我们生活的世界将会怎样？没有石油，我们的城市又会怎样？让我们来看一下石油瞬间消失后众人的遭遇吧！

石油消失第1天

如果飞机、火车、轮船这些靠石油制成的燃料来驱动的交通工具全部"熄火"，那么轨道上就没有火车驶过，天空中就没有飞机飞行。今天，如果你是预计搭乘飞机从北京飞往上海，那么你绝对到达不了目的地。和你面临相同命运的，还有大批的货物。

如果你是一个环保主义者，那么今天，你会高兴地发现，到超市购物时，即使你愿意多花几毛钱，超市也不提供一次性塑料购物袋了。

如果你和我一样，是一位爱美的女士，你会发现，大部分化妆品已经售罄，口红已经买不到了。

还有遍及全球的股市休市，石油类股票瞬间变得一文不值。证券公司纷纷倒闭，关于血本无归的投资者离奇身亡的新闻报道屡屡见诸报端。

与此同时，石油从业人员全部失业，统统卷起铺盖回家。大规模的连锁反应开始蔓延，经济危机来得又快又猛。然而，一切才刚刚开始。

石油消失一年后，会是什么样子

一道难题摆在了世界各国的政府首脑面前：下一年的收成究竟是制成燃料，还是作为粮食呢？

由于粮食不足，不少城市已经闹起了饥荒，米和奶已经成为人们最主要的食物。

冬天来了，生活在北半球的各地民众开始面临一个选择：是继续留在城市中挨冻受饿，还是离开？气温骤降之后，北方的民众纷纷逃往南方。

路上有数百万辆的小汽车遭到丢弃，即使是可以利用食用油驱动的汽车——天气寒冷时，这些油会变得浓稠，塞住塑料管线和引擎。

市区没有燃料，也缺少食物。北方城市变成混凝土和玻璃构成的孤岛，大雪阻断了和外界的联络。

如今，越来越多的"猎人"出现在山野。他们带着看起来并不那么专业的工具，通过各种方式猎食动物充饥。

世界各国变得越来越孤立。港口变得静悄悄，不仅仅是美国，俄罗斯、日本等国的各大港口也纷纷关闭，国际贸易也已经终止。

大量的坦克和飞机遭到遗弃，各国的军队都丧失了战斗力。

……

石油消失之后，我们的城市、天空和道路交通变得截然不同。世界发生了彻底的改变。庆幸的是，今天，石油并没有从我们的生活中消失，但是，石油资源却是有限的，也是不可再生的。随着人类对石油需求的增加，为争夺石油而加剧的战争也不可避免。能源战争范围广、破坏大，不仅依附于军事实力，而且与经济、政治乃至社会形态上的联系也是非常紧密的。

2. 石油危机

整个 20 世纪既是石油的开采、提炼和应用得到极大发展的世纪，也是石油开始给人类带来恐慌的世纪。其中，发生的三次石油危机最大的特点是打破了石油廉价的神话，而且都伴随着世界范围内的通货膨胀和经济危机。

第一次石油危机（1973—1974 年）：由第四次中东战争引发。为打击以色列及其支持者，石油输出国组织（OPEC，欧佩克）的阿拉伯成员国决定团结起来，利用石油武器助战。1973 年 10 月 22 日，所有阿拉伯产油国都已对美国实行禁运，许多产油国甚至加大了减产幅度。在阿拉伯国家减产和禁运的同时，欧佩克分别在 10 月和 12 月两次提高石油标价，第一次由每桶 3.011 美元提高到 5.119 美元，第二次提高至 11.651 美元，如图 0-1 所示。

此次石油危机前后持续近 6 个月，由于减产和禁运，国际市场上的石油供应平均每天减少 260 万桶，给发达国家带来了意想不到的冲击，大大加大了西方大国的国际收支赤字，触发了第二次世界大战之后最严重的全球经济危机。美国的工业生产下降了 14%，GDP 下降了 4.7%；日本的工

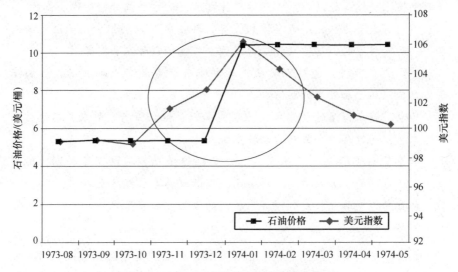

图 0-1 1973 年石油危机石油价格变化图

业生产下降超过20%，GDP 则下降了7%；欧洲 GDP 下降了2.5%。所有的工业化国家的经济增长都明显放慢。

第二次石油危机（1978—1980 年）：导火索是伊朗亲美的巴列维政权的垮台、伊朗人质危机和两伊战争。从1978年开始，伊朗工人罢工导致石油产量和出口量突然双双下降，造成国际石油市场供应短缺。在巴列维王朝被彻底推翻后，德黑兰爆发了震惊世界的伊朗人质事件，美国停止与伊朗的石油贸易，伊朗随即以禁止向美国出口石油予以回应。危机导致石油资源在全球市场重新分配，把油价推上新高。而在此期间，发生在伊拉克和伊朗之间的两伊战争给已经伤痕累累的国际石油市场又撒了一把盐，将本应更早结束的第二次石油危机拖进到了20世纪80年代初期。两伊战争期间，伊朗的石油出口大幅减少，而伊拉克的石油出口则几乎停止。世界石油市场的产量从每天580万桶骤降到100万桶以下，一夜之间突然蒸发了近400万桶/日的产量。随着产量的剧减，油价在1979年开始暴涨，从每桶14美元猛增至1980年的每桶35美元。供给剧烈收缩带来的油价上涨和战争因素，推动着大宗商品价格和美元指数在1978年3月至1981年3月呈现出同涨同跌关系，如图0-2所示。这种状态持续了半年多，此次危机成为20世纪70年代末西方经济全面衰退的一个主要原因。

第三次石油危机（1990—1991 年）：源于伊拉克对科威特的侵略及其

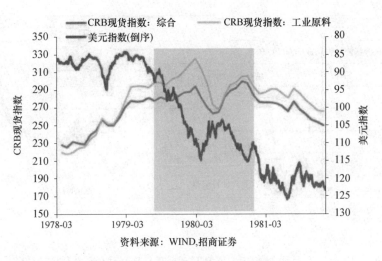

图 0-2　第二次石油危机时美元与大宗商品走势

后发生的海湾战争。1990 年 8 月初，伊拉克攻占科威特以后，伊拉克遭受国际经济制裁，使得伊拉克的原油供应中断，当时油价一路飞涨，仅 3 个月的时间，石油从每桶 14 美元急升至每桶 42 美元的高点。美国、英国经济加速陷入衰退，全球 GDP 增长率在 1991 年跌破 2%。国际能源机构启动了紧急计划，每天将 250 万桶的储备原油投放市场，以沙特阿拉伯为首的欧佩克也迅速增加产量，稳定世界石油价格。此外，2003 年，国际油价也曾暴涨过，原因是以色列与巴勒斯坦发生暴力冲突，中东局势紧张。

　　三次石油危机，其诱因并不是石油本身消耗将尽或供应不足，而是直接受国际政治形势，尤其是地缘政治重大事件的影响。其共同的特征，就是都发生在所轮次世界经济衰退阶段，而受石油危机冲击的三轮世界经济衰退阶段波幅均比其他轮次的世界经济周期性波动的波幅大、波动的周期长。石油是世界经济发展的稀缺要素，石油危机或剧烈的价格波动会在不同程度上影响国家间经济波动，进而导致世界经济周期性或非周期性的波动（图 0-3）。1994 年以后，石油价格上升率和世界经济增长率的变动主要表现为同步性，波动轨迹几乎趋于一致。据欧佩克估计，油价每上涨 10 美元，会使世界经济增长率下降 0.25%。在经济合作与发展组织（OECD，Organization for Economic Co-operation and Development）和国际货币基金组织（IMF，International Monetary Fund）的资助下，由国际能源署（IEA，International Energy Agency）进行的一项研究表明，油价从 25 美元/桶上涨到 35 美元/桶时，总体上将使同期 OECD 的 GDP 减少 0.4%。

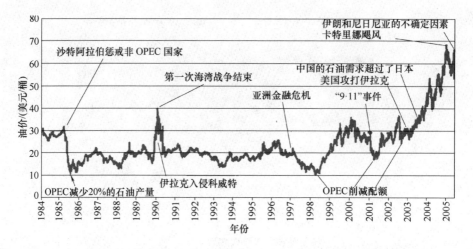

图0-3 1984年9月至2006年1月 WTI⊖**期货价格变动和石油危机的对应关系**

石油危机已经不仅仅是一个能源问题，它还与国际金融、经济、政治、战争、科技、文化等问题紧密相连。进入21世纪以来，国际石油市场风云变幻，石油价格不断攀升，动荡加剧，牵动着全球的神经，引起各方的密切关注和忧虑。究竟是什么原因导致石油价格在新世纪初的持续上涨和全球石油危机？石油供应与经济危机有必然的关系吗？21世纪还会发生全球性的石油危机吗？

3. 石油与石油精神

石油不仅影响经济波动，还是国民经济的血液，是维持国家生产、经济增长的必需品，在世界各国的经济发展中都占有重要的地位。

我们中国，从"贫油"走到了"石油大国"，创造了诸多令世界瞩目的奇迹。雄踞世界500强多年的中国石油企业（表0-1），已成为全球大公司阵营和世界石油工业中一支不可忽视的重要力量。在未来全球石油资源日益枯竭的情况下，中国石油工业面临的机遇和挑战仍将继续。对于石油人而言，新的征程，永远未有穷期。

如果说，前30年的石油工业，是一部浴血创业史，那么之后的30多年，石油行业将逐步变身为一艘现代企业的航母。

⊖ WTI：West Texas Intermediate（Crude Oil），美国得克萨斯轻质原油，WTI已成为全球原油定价的基准。

表 0-1　2017 年世界 500 强

2017 年世界 500 强（部分榜单）				
排名	公　司　名	companyname	营收（百万美元）	利润（百万美元）	国家
1	沃尔玛	WAL-MART STORES	485873	13643	美国
2	国家电网公司	STATE GRID	315198.6	9571.3	中国
3	中国石油化工集团公司	SINOPEC GROUP	267518	1257.9	中国
4	中国石油天然气集团公司	CHINA NATIONAL PETROLEUM	262572.6	1867.5	中国
5	丰田汽车公司	TOYOTA MOTOR	254694	16899.3	日本
6	大众公司	VOLKSWAGEN	240263.8	5937.3	德国
7	荷兰皇家壳牌石油公司	ROYAL DUTCH SHELL	240033	4575	荷兰
8	伯克希尔-哈撒韦公司	BERKSHIRE HATHAWAY	223604	24074	美国
9	苹果公司	APPLE	215639	45687	美国
10	埃克森美孚	EXXON MOBIL	205004	7840	美国
11	麦克森公司	MCKESSON	198533	5070	美国
12	英国石油公司	BP	186606	115	英国

一滴油，浓稠厚重，这滴油默默地融入雪域高原、戈壁荒漠、黄土高坡、平原陆地，融入祖国的大江南北。一滴油，沉淀了石油人"我为祖国献石油"的壮志魂魄；一滴油，传承的是"宁可少活 20 年，拼命也要拿下大油田""有条件要上，没有条件创造条件也要上"的奋发图强、自力更生，以实际行动为中国人民争气的爱国主义精神。这是一种无所畏惧、勇挑重任、靠自己双手艰苦创业的革命精神；是一种一丝不苟、认真负责、讲究科学、"三老四严"、踏踏实实做好本职工作的求实精神；是一种胸怀全局、忘我劳动、为国家分担困难、不计较个人得失的献身精神……

这些精神，足以让我们感动一生，足以让我们追随一生。这是一种信仰，一种灵魂。大庆精神、铁人精神，是我们每个石油人一生的追求，是我们石油人永恒的话题，是我们石油人不竭的动力。

作为石油人，我们的责任有多重？"奉献能源、创造和谐"，确保国民经济正常运行、确保民众生活平稳有序，是一滴油与生俱来的天然基因和我们不可推脱的社会责任。

通过"中国石油文化"这门课程，我们将沿着中国石油工业发展的历程，了解我国石油文化的形成与发展，深刻领会中国石油传统文化的独特个性和其在新时期的转型与发展，同时借鉴国外先进石油企业文化的经

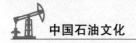

验，明确在经济全球化背景下大力发展石油文化的国际化战略、自主创新战略、品牌战略、"竞合"战略，培育石油工程俗理意识，树立为石油事业奋斗的崇高理想和奉献精神，为提升石油行业的国际竞争力和可持续发展做出应有的贡献。

让我们一起走进"中国石油文化"的课程中，一起来领略孕育了"大庆精神、铁人精神"的石油精神吧！

 思考题

请说出 3 个以上关于石油行业的名言或电影、歌曲名称。

第1章
世界石油工业发展历史

学习目标

　　了解中外石油工业发展的历史脉络，体会石油工业发展与社会生活之间的相互作用；

　　深刻体会科学技术在石油工业每一个历史阶段的跃迁中所发挥的重要作用；

　　反思政治和经济在石油工业中扮演的角色，思考这种角色在历史上曾如何建构石油工业发展的方向和轨迹，并如何影响和制约石油工业的未来。

1.1　古代石油工业发展概况

　　今天在勘探油田时所用的这种钻探井或凿洞的技术，肯定是中国人的发明……这种技术大约在 12 世纪以前传到西方各国。

——英国著名科学史专家李约瑟

案例

　　在四川开凿盐井的技术实践中，古代工匠发现由于地质构造的原因，地下的盐卤资源往往与天然气伴生，这些同步开采天然气的技术即使是在今天也同样令人惊叹不已。

　　位于四川自贡大塘山的东源井（图1-1），自 1892 年起至今既出产卤水，也出产天然气，其使用冲击式顿钻法钻成，是中国著名的低压天然气高产井。智慧的自贡工匠们取井中之"火"燃井中之水，为当地的盐业生产提供了优质的燃料。

如图 1-2 所示，该井采用我国独创的低压天然气窠盆采气技术，有效解决了天然气和空气混合之后爆炸及有毒气体硫化氢扩散的难题。其工作原理是，天然气井口位于工作台面之下的窠盆之中，窠盆呈上小下大的圆锥体形状，天然气进入窠盆后空间变大，压力随之减小，不会向周围泄漏。同时，窠盆中的管道与几百口煮盐的灶口相连，处于燃烧状态的灶口与管道内部产生较大的气压差，使得窠盆中的天然气持续经过输气管道向各个灶口流动，进而避免了天然气大量溢出到窠盆之外发生事故。在古代中国，技术的进步往往领先于科学

图 1-1　东源井

的理论，东源井的技术原理是中国古代石油发展史上的重要内容，直至今日仍是中外专家十分关注的研究课题。

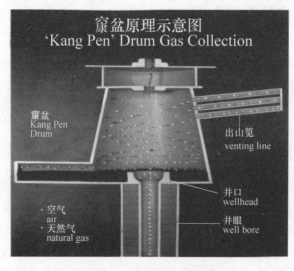

图 1-2　窠盆原理示意图

1859 年 8 月 27 日，美国宾夕法尼亚州泰特斯维尔（Titusville）小镇的石油溪旁，艾德温·德雷克（Edwin Drake，1819—1880）挖掘的一口找油井涌出了油流。这口井使用一台 6 马力（约 4413 瓦）的蒸汽机作为动力驱动油泵抽油，井深 21.7 米，日产原油 35 桶（约 5 吨），被命名为"德雷克井"。这是世界上首次以工业或商业为目的石油钻探实践，它标志着世界石油工业的开端。

然而在世界石油工业诞生以前，石油天然气的使用已逾千年，尤其是钻井技术的发明和应用，引发了一场世界能源结构变革的黑色浪潮，为人类社会的石油工业化生产及步入石油和天然气时代做出不可或缺的前期准备。因此，有必要首先回顾一下中外古代先民对石油和天然气的早期探索，以深刻理解在不同的历史文化背景影响下，各产油国家如何形成独特的石油认知和演进路径。

1.1.1　中国古代石油发展状况

石油，从广义上说包括原油和天然气。从地下开采出来的液体石油称为原油，而日常生活中我们常将石油与原油混同。人类发现和利用石油的历史与人类文明史一样悠久。中国古代的科学技术具有非常辉煌的历史，石油科技史也不例外。我国曾是世界上发现和利用石油、天然气最早的国家之一。自秦汉时期起，我国的劳动人民就开始采集、利用石油和天然气。

拓展阅读

"石油"一词的命名

我国关于"石油"的命名要追溯到宋朝的沈括，他在《梦溪笔谈》中正式使用"石油"这一名词，从而取代了古时关于石油的各种名称。沈括发现这种可燃物质"生于水际砂石，与泉水相杂，惘惘而出"，故称之为"石油"。书中还提到："鄜、延境内有石油，旧说'高奴县出脂水'，即此也。""石油"的名称由此而来。

国外关于石油的命名，是来自德国人乔治·拜耳，他于公元 1556 年在一篇关于石油开采与炼制的论文中第一次公开使用"Petroleum"一词，而后一直沿用至今。Petroleum 一词，由前半部分希腊文"石"（Petra）与后半部分罗马文"油"（Oleum）合在一起，恰好和中国的"石油"相对应。

我国古代石油的利用主要体现在以下几个方面。

在照明方面，中国古代劳动人民很早就认识到了《易经》中"泽中有火""上火下泽"指的是石油的燃烧现象。中国东汉史学家班固在其《汉书·地理志》中"高奴县有洧水可燃"也是对这一现象的记载。因而，古代应用石油的国家都有利用石油可燃性照明、点灯的历史。《明一统志》中提到，"南山出石油，燃之极明"。在宋代，石油甚至可被加工成固态物质，名曰石烛，其点燃时间较长，一支石烛可顶蜡烛三支。在制墨方面，宋代的沈括曾试着经过三道工序的严格制作，用原油燃烧生成的煤烟制墨，这就是后来的"延川石液"。它的优点是"黑光如漆，松墨不及也"（松墨是用松木烧出烟灰为原料制作而成）。在润滑油方面，晋代张华的《博物志》指出，这种石漆可以作为润滑油"膏车"（润滑车轴）。在医药方面，明朝李时珍的《本草纲目》记载石油可与其他药物混合来治病。而在军事方面，人们根据石油"得水则愈炽也"（宋朝的《太平寰宇记》）的特点，将石油应用于军事。《元和郡县志》中有这样一段史实：唐朝年间（公元578年），突厥统治者派兵包围攻打甘肃酒泉，当地军民把"火油"点燃，烧毁敌人的攻城工具，打退了敌人，保卫了酒泉城。因此，到了五代（公元907—960年），石油在军事上的应用渐广。后梁（公元919年）时，就有把"火油"装在铁罐里，发射出去烧毁敌船的战例。北宋时期，中国出现了世界上最早的石油火焰喷射器——"猛火油柜"，曾是古代军队中重要的火器装备。猛火油柜在使用时，火焰喷射器前方的火楼将燃烧的石油喷出，精准地打击目标（图1-3、图1-4）。猛火油柜通过猛火油（即石油）、火药与喷火器具的巧妙结合，主要用于水战、防御工事、城墙或掩护士兵进攻，在抵抗敌人进攻时功效卓著，其中所蕴含的科技和军事价值成为石油科技史和军事史上的宝贵财富。

图1-3　猛火油柜复原图

图1-4　猛火油柜结构示意图

中国在明代正德年间在乐山打出了第一口油井，明曹学铨《蜀中广记》中记载："国朝正德末年（1521年），嘉州开盐井，偶得油水，可以照夜。"中国广泛应用并正式开采石油是在明代中叶，而在300年后的1859年，位于美国宾夕法尼亚州的第一口工业化油井——德雷克井才开始开凿生产石油。

古代开采石油的方法也很简单，基本上局限于"刮油"的水平，即取自天然露头的地表石油。在内燃机出现以前的中国古代，工匠们未能对石油的产地、来源进行考察，事实上不存在真正意义上的石油勘探。

但在天然气的使用方面，则是另外一番景象。西方的某些学者认为，世界上最早开凿石油和天然气的是英国，时间是1668年。而我国天然气开采有着悠久的历史，在东汉时就有了开凿火井的记载，比英国早1400年。英国著名科学史专家李约瑟认为，今天在勘探油田时所用的这种钻探井或凿洞的技术，肯定是中国人发明的。

以钻井技术为例，在西汉，"邛崃火井"（图1-5）就被用来从事生产——"煮盐"，同时开采天然气。工匠们用粗大的楠竹将井中的天然气引至煮盐的灶口点燃后煮盐，也就是说用井中之气复煮井中之盐，可谓一举两得。"世界第一井"——邛崃火井是世界上有关天然气开发利用的最早记录，毫无争议地被世界上公认为开发利用天然气的第一井，在科技史上为我国占据了一个骄人的位置。据记载，蜀汉丞相诸葛亮还曾亲自视察四川邛崃火井，毕竟盐业是国之命脉。当地至今还传唱着一首童谣："天上有星星/地下有火井/人间有孔明/孔明来火井/去看六角井/六角井/火又大/水又清/熬得盐巴亮晶晶。"

图1-5 邛崃火井

到了北宋宋仁宗庆历年间，在四川少数民族开凿盐井的实践中，我国古代钻井技术有了新发现——成功钻凿出小口径井，井深可达130米左右，人们称其为"卓筒井"。其"冲击式顿钻凿井法"领先美国750余年，开创了人类机械钻井的先河。卓筒井的技术克服了之前大口浅井井壁容易垮塌、井深较浅的缺点，用简单的方法创造性解决了诸如打捞井下落物、下套管、修正井斜、井壁垮塌等这些以前不可能完成的技术难题。如今，这些钻井工具作为历史的见证永远保留了下来，即使在今天，仍是令人赞叹的、无与伦比的成就。

由于钻井技术的重大突破，钻井深度大大提高。1840年，我国打出了世界领先的1200米深的"磨子井"。为了克服天然气运输的困难，我国古代劳动人民利用当地唾手可得的竹子和木材，创造性地制造出一种叫作"笕"的运输管线。如图1-6所示，可以看到木架上方用竹子连接而成的"笕"，把天然气和盐水输送到一二十公里以外的地方。到明朝中期，地面的输送管线已能形成比较完善的集输系统，并在清代中叶提高到了新的高度。竹笕输卤工艺利用高低位差压力提供输送天然气和卤水的动力，在没有加压装置的条件下，运用竹笕将卤水从井场输往煮盐的灶房，翻山越岭，四通八达，是我国古代石油天然气行业的重要技术突破。

图1-6　竹笕输卤技术

中国也是较早炼制石油的国家，北宋设在开封的军事工业作坊"猛火油作"表明当时人们已经开始炼制石油并在军事上加以应用。把炼制好的猛火油灌入铁罐投掷到敌阵，引起大火，这就是最初的"燃烧弹"。北宋曾公亮等著的《武经总要》，对如何以石油为原料制成颇具威力的进攻武器——"猛火油"，有相当具体的记载。北宋神宗年间，政府还在京城汴梁

（今河南开封）设立了军器监，掌管军事装备的制造，其中包括专门加工"猛火油"的工场。据康誉之所著的《昨梦录》记载，北宋时期，西北边域"皆掘地做大池，纵横丈余，以蓄猛火油"，用来防御外族统治者的侵扰。

而古时处在领先水平的钻井技术，也逐渐流传至国外。美国作家丹尼尔·耶金在《石油风云》一书中做了如下描述："早在1500年前，中国就有了挖盐井的技术，盐井的深度达到3000英尺⊖。1830年左右，中国人的凿井方法就已经进入欧洲并被仿效，可能也促进了美国开凿盐井的事业。"石油在中国历史悠久，中国人对石油的认识以及在钻采、炼制技术的成就，为世界石油工业的出现做出了重要贡献，也为日后中国石油工业的发展奠定了基础。

1.1.2 世界其他地区古代石油发展状况

与古代中国石油认识发展状况类似，世界其他地区的石油也主要取自地表的天然露头石油或者手工挖掘浅层的石油，不需要较强的技术手段，因而在石油的勘探方面，无论是技术还是理论上都没有较大的进展。

在石油的利用方面，在埃及的古墓中，曾发掘出一些用富含硫化物的石油保存下来的木乃伊。古巴比伦空中花园的每一层内都有坚固的砖砌弯拱，上面铺着巴比伦人用沥青浇铸起来的石板。

无独有偶，在军事方面，拜占庭帝国曾经出现过一种和猛火油柜非常相似的武器——希腊火。凭借希腊火的威力，掌握着希腊火秘密配方的拜占庭人在与阿拉伯人的战争中多次取得胜利。公元678年，拜占庭帝国海上舰队被迫使用希腊火，在海上击溃了一支数量庞大的阿拉伯木制战船舰队。公元717年，哈里发·苏莱曼率领阿拉伯舰队进攻君士坦丁堡，阿拉伯帝国的2560艘战舰在"希腊火"的攻击下，仅有5艘船只返回。据曾受希腊火所伤的十字军将士所述："每当敌人用希腊火攻击我们时，我们所做的事只有屈膝下跪，祈求上天的拯救。"

希腊火可用投石机抛出，受到冲击就会爆炸起火，也可以通过虹吸作用经由一个喉管喷射出去。如图1-7、图1-8所示，战舰上的怪兽的头部与猛火油柜的装置十分相似，后面的箱式容器盛放燃料，与喷火装置通过

⊖ 1英尺＝0.3048米。

管道相连。君士坦丁堡于 1453 年陷落，希腊火随之销声匿迹。

图1-7　希腊火应用于战争

图1-8　希腊火用于战船（左图）和守卫城门（右图）

在天然气方面，据《大英百科全书》所载，世界上首先发现天然气的是伊朗，第一个开凿天然气井的是中国。直到 1659 年在英国发现了天然气，欧洲人才对它有所了解，然而并没有将其广泛应用。从 1790 年开始，煤气成为欧洲街道和房屋照明的主要燃料。

最初是出于医疗目的，欧洲的许多地方如巴伐利亚、西西里和汉诺威等地的人们，才逐渐加深了对石油的了解。19 世纪以前，东欧已建立起石油工业的雏形，从加利西亚（波兰、奥地利和俄罗斯的部分地区）到罗马尼亚，农民们手工挖掘石油竖井采集原油，并提炼出煤油用于照明。

1.2　近代石油工业发展史

1859 年，世界石油工业第一井，诞生于美国宾夕法尼亚州泰特斯维尔

（Titusville）小镇的石油溪旁（如图 1-9 所示，站在油井机房和井架旁边，前排右侧戴礼帽的人即为美国第一口油井的钻凿者埃德温·德雷克）。近代工业必须以机械化为前提，它区别于人工手工劳动。18 世纪，蒸汽机的发明推动了英国和欧洲的第一次工业革命进程，标志着世界进入"蒸汽机时代"。德雷克井是第一口用机器钻成的，并且用机器抽油的油井，如今这里已成为德雷克井博物馆。

图 1-9 世界石油工业第一井——德雷克井

世界上很早就开采石油的国家不止美国一个，为什么唯独美国石油工业发展壮大如此之快？这里有多种因素在起作用。

第一，美国宾夕法尼亚州石油蕴藏丰富，地表油苗露头较多，钻获率比较高。德雷克井的井深仅有 20 米。此后，人们将出油的地点与地理结构联系起来，在实践中发现了弓形的背斜顶部储油的现象，逐渐形成找油的规律，进而找到更多的石油。

第二，具备生产石油产品的技术条件和市场需求。美国东部经济发达，人口密集，水陆交通便于石油外运，极大促进了石油工业的形成和发展（图 1-10）。当时的炼油技术可以把原油炼制成灯用煤油，拥有油灯再也不是富有阶层的特权。在汽车时代到来之前，人们对石油的需求迅速上升，这是因为便宜好用的油类润滑剂开始替代鲸鱼油，服务于铁路运输和机械化的发展（图1-11），石油产品的出现使得鲸鱼免受灭顶之灾。

图1-10　铁路运输桶装石油

图1-11　16世纪的木版画，工人在岸上屠宰鲸鱼

　　第三，美国当时已经形成了活跃的资本市场。银行已形成网络，企业贷款方便，可以发行股票筹资。而且，19世纪70年代在油区开办了石油交易市场，可以进行期货、现货交易。因此，石油工业发展具有充足的资本。

　　基于以上这些原因，我们也就不难理解为什么世界石油工业诞生在美国而不是在其他国家。石油工业，尤其是内燃机广泛应用之后的石油工业，开启了石油作为燃料的快速发展之门。从此以后，石油成为新兴燃料，推动交通工具的革命，对政治、经济及环境的影响无与伦比。

1.2.1　国家内石油垄断的出现

德雷克井钻成之后，人们发现了大量的石油，一些石油巨头也由此诞生，他们将石油开采、提炼、运输，并进行市场开发，在石油工业的历史上，留下了他们强势的印记，这些石油巨头主要有：标准石油公司、诺贝尔兄弟石油公司、荷兰皇家壳牌石油公司。

德雷克井出油之后，泰特斯维尔小镇人满为患，5 年内人口从 250 人增加到超过一万人。但冷静的洛克菲勒（图 1-12）坚信钻探石油是一项冒险事业，"打先锋的赚不到钱"，聪明的投资法是等挖出原油后，购入精炼然后再售出。1870 年，洛克菲勒创立标准石油公司，逐步完成了炼油区、石油运输和产油地的三步吞并。到 1878 年，它垄断了美国 90% 左右的炼油能力、85% 以上的管道运输能力及 30% 左右的原油开采。洛克菲勒曾说："当红色的蔷薇含苞待放时，唯有剪去四

图 1-12　约翰·D. 洛克菲勒

周的枝叶才能在日后一枝独秀，绽放成艳丽的花朵。"标准石油公司对美国石油工业的垄断一直持续到 1911 年。

诺贝尔兄弟石油公司是十月革命前俄国最大的石油公司。经营这家公司的企业家是世界诺贝尔奖的创始人、炸药大王艾尔弗雷德·诺贝尔的两个兄弟——路德维格和罗伯特（图 1-13）。

19 世纪 70 年代，瑞典人路德维格·诺贝尔在俄国经商，获得了一个为俄国政府生产来复枪的大规模合同。制造枪托需要木材，他想在国内取得供应，就派遣其兄罗伯特·诺贝尔南行去高加索寻找俄罗斯胡桃木。1873 年 3 月，罗伯特来到巴库（巴库原来是一个独立的公爵领地的一部分，19 世纪初并入俄罗斯帝国）。结果，他发现当地石油工业正在兴起，毅然把家族的钱投入了石油业，从此诺贝尔家族进入石油工业。1879 年，他们

图1-13　诺贝尔兄弟（左侧的是路德维格，排行第二，右侧的罗伯特是长兄）

注册成立了诺贝尔兄弟石油公司。路德维格努力学习美国石油工业的经验，把科学、革新和商业计划运用到炼油厂，使工厂提高了效率，有了盈利。路德维格·诺贝尔第一个设计了在船体内造大油罐的巨型油轮，定制了第一艘巨型油轮"琐罗亚斯德号"。1878年，琐罗亚斯德号在里海投入营运成功，实现了石油运输史上的一次重大革命。他开创的高度一体化的大型石油联合企业，主宰了俄国的石油贸易，被人称为"巴库石油大王"。

　　1884年，俄国的石油产量达到了1080万桶，几乎相当于美国产量的1/3。19世纪80年代初，有200余家炼油厂在巴库郊外的新工业区开工生产（图1-14）。在两兄弟的苦心经营下，巴库成为俄国最大的石油产地。1917年11月，俄国发生布尔什维克领导的十月革命，诺贝尔家族的成员们离开俄国。

图1-14　诺贝尔兄弟石油公司在巴库的采油设施

1897 年，国际石油巨头壳牌运输和贸易股份有限公司（英国）正式成立。这家公司主要是从印度尼西亚将具有异国情调的贝壳运到荷兰。皇家荷兰石油公司（荷兰）成立于 1890 年。这家小石油公司主要业务是开采印度尼西亚苏门答腊岛附近的油田。两家公司曾激烈争夺市场。随着行业一体化的发展，两家公司于 1907 年完成合并，从此诞生了由洛克菲勒模式控股的企业——荷兰皇家壳牌石油公司。其创办者是马库斯·塞缪尔（Marcus Samuel）（图 1-15）。

图 1-15　马库斯·塞缪尔
（Marcus Samuel）

自此，壳牌迅速开始全球化的过程，并与美孚（标准石油公司）共同争夺全球油田，驱使民族国家石油行业经历真正的行业巨变。

1.2.2　石油七姐妹的霸权

最早形成石油工业体系的是美国，最早形成石油工业垄断局面的是美国，而最早从法律上提出反垄断体系的也是美国。1890 年，美国国会通过了《谢尔曼反托拉斯法》，它规定，"任何契约、任何企业的合并不能以托拉斯或其他类似形式出现"。1911 年，标准石油公司被控垄断石油业，被政府强制拆散为 34 个小公司，它的传奇则在这些公司中延续。很快，这些公司又成为新的巨头。其他石油公司也都在各自的地盘内迅速发展。

随着国际石油业的发展，国际上形成了七家有着雄厚实力的石油公司，分别是埃克森公司、英荷壳牌石油公司、美孚公司、德士古公司、BP 公司、雪佛龙公司、海湾石油公司，人们称之为石油七姐妹（图 1-16）。20 世纪 60 年代以前，世界石油市场基本上处于"石油七姐妹"的控制之下，它们控制了油田，也控制了炼油厂，尤其是控制了油品销售市场，严重损害了产油国在石油输出上的经济利益。

1.2.3　欧佩克的制衡

第二次世界大战后，全球非殖民化运动风起云涌，第三世界国家纷纷走向民族独立。20 世纪上半叶，国际石油市场一直处于"石油七姐妹"的

图 1-16　石油七姐妹

垄断之下。1960 年 9 月 14 日，石油输出国组织"欧佩克"（OPEC）诞生了。这是世界石油工业产油国争取和夺回本国石油主权斗争开始的重要标志。1968 年，欧佩克发布"成员国石油政策声明"，强调"所有国家出于本国发展的目的，对其自然资源行使永久主权，该权利不可剥夺"。20 世纪 60 年代以后，中东国家先后进行石油资源国有化运动，实现了石油国有化。尤其是在石油的勘探开发和生产环节上，禁止外国石油公司从事石油生产业务。随着油价的暴涨，石油输出国组织成员国的收入骤增，1973 年成员国石油收入的总额只有 250 亿美元，到 1979 年达 1990 亿美元。石油变成了阿拉伯国家的"软黄金"。

随着成员的增加，欧佩克发展成为亚洲、非洲和拉丁美洲一些主要石油生产国的国际性石油组织。其成员国不仅控制了本国石油工业，而且对国际原油价格具有重要的掌控力，欧佩克的国际地位和影响不断提升。如图 1-17 所示是位于维也纳的欧佩克总部。

1.2.4　群雄并起的未来

世纪交替之际，整个世界石油工业在动荡中大分化、大改组，各石油公司通过联合、兼并、重组的方式，进行重组改制，增强竞争实力，扩大优良资产，调整产业结

图 1-17　位于维也纳的欧佩克总部

构，以实现可持续发展。原来的"石油七姐妹"被世界"新石油七姐妹"所取代：埃克森美孚，雪佛龙德士古，壳牌，BP，道达尔菲纳埃尔夫，雷普索尔（西班牙），意大利埃尼集团。

石油领域的兼并重组浪潮并不仅仅局限于美、英之间，而是席卷全球。中国石油工业改组，形成中国石油、中国石化、中国海洋石油三个上下游一体化的集团公司，并开始跨入世界石油工业大体系。新世纪，俄罗斯石化业也通过大规模兼并重组，组建三大石化公司：俄罗斯西伯利亚—乌拉尔石化和天然气公司、卢克石油公司和尼日涅缅斯克石油化学公司。这些超大型石油公司不仅是地区石油工业的领导者，而且在世界石油工业中占有主导地位。它们对石油资源勘探开采、加工炼制、终端销售等的全方位控制以及对国际油价的影响力日益深刻。

1.3　中国石油工业发展史

1.3.1　中华人民共和国成立前的探索时期

中国是世界上最早发现和利用石油、天然气的国家之一，然而近代石油工业却落后了。近百年来，仁人志士为中国石油工业的复兴而奋斗。世界石油工业诞生于 1859 年，而自 1867 年开始，美国等资本主义国家便开始向我国出口石油。为抵制"洋油"的倾销，中国开始逐渐发展起自己的石油工业。

拓展阅读

中国近代石油工业的发端

1878 年，在台湾苗栗用近代钻机钻探中国第一口油井；

1907 年，在陕西延长钻成中国大陆第一口近代油井"延 1 井"；

1909 年，在新疆独山子开凿油井；

这些油井采用机械设备进行钻探，取代了古代以来人力或畜力带动的钻井技术，标志着中国近代石油工业的发端。

第一次世界大战期间，美国美孚石油公司组成调查团到我国进行首次石油地质调查，并于 1914 年在陕北打了 7 口探井，均未获工业油流。1922 年，美国斯坦福大学的地质学家 E. Blackwelder 教授来中国做地质调查，回国后发表了一篇题为"中国和西伯利亚的石油资源"的论文，从地质学的角度指出，中国不具备储藏大量工业价值油流的条件，第一次抛出"中国贫油论"，并在之后成为侵略者恃强凌弱的借口。

1938 年，美国美孚石油公司勘探队又来到中国，到处钻探打井，结果也是徒劳而返，进一步强化了"中国贫油论"的观点。西方地质学家认为，只有海相沉积盆地才能有丰富的石油，而中国广布的陆相地层自然无油可寻。

从 20 世纪二三十年代开始，以谢家荣、潘钟祥、黄汲清、孙健初等为代表的地质学家先后到陕北高原、河西走廊、四川盆地及天山南北进行油气地质调查，分别于 1937 年和 1939 年在陆相盆地中找到了新疆独山子油田和甘肃玉门老君庙油田。

1939 年 8 月 1 日，玉门油田正式投入勘探开发，它是中国第一个石油基地，培养了中国自己的石油队伍，为新中国石油工业的发展奠定了基础，成为中国现代石油工业的开端。如图 1-18 所示是当时的玉门一号井。

图 1-18　玉门一号井

1.3.2　中华人民共和国成立后的恢复和发展时期

中华人民共和国成立之前，我国在石油勘探和开发方面基础极其薄弱。1949 年，中国大陆只有玉门老君庙、陕北延长和新疆独山子 3 个小油田，总共只有 8 台钻机，年产石油 12 万吨。

从 1904 年到 1948 年，我国共生产了 278.5 万吨原油，而进口"洋油"却高达 2800 万吨。石油专业人才更是凤毛麟角，全国只有生产技术人员

700 人，石油地质和地球物理的技术人员不到 30 人，钻井工程师仅 10 余人。

新中国成立之后，中国共产党决定率领全国人民甩掉"贫油""落后"的帽子。1952 年，为振兴民族石油工业，国家把玉门油田的开发列入了第一个五年计划的 156 项重点建设工程之中，全国人民从人力、物力、财力方面大力支持玉门油田的建设，玉门油田的开发进入了全新的历史时期。1953 年，北京石油学院成立，年轻的共和国加紧培养自己的人才队伍。

应中国油气资源不断发现的新要求，玉门油田在开发建设中取得的丰富经验，为当时和以后全国石油工业的发展，提供了重要借鉴。玉门油田因而被称为"中国石油工业的摇篮"。

中华人民共和国成立后，全国性大规模的油气资源勘察工作得以全面展开，勘探首先在我国西北地区展开，1956 年发现克拉玛依油田，实现了新中国石油工业的第一个突破（图 1-19）。

图 1-19　1956 年的克拉玛依油田

从 1955 年起，中华人民共和国地质部和中华人民共和国石油工业部分工配合，先后在华北平原与松辽盆地展开了全面综合地质调查。1959 年 9 月 26 日，松辽盆地松基三井获得了工业油流，发现了大庆油田，实现了中国石油工业发展史上历史性的重大突破，成功实现石油勘探战略东移。根据中央批示，1960 年 3 月，一场关系石油工业命运的大规模的石油会战在大庆揭开了序幕（图 1-20）。

大庆石油会战是在困难的时期、困难的地区、困难的条件下展开的。大庆以"两论"（毛泽东的《实践论》和《矛盾论》）为指导（图 1-21），

图 1-20　大庆石油会战

以"铁人"王进喜为榜样（图 1-22），通过三年的石油会战，使得中国在 20 世纪 60 年代初期实现了石油基本自给，甩掉了"贫油"的帽子，形成了"爱国、创业、求实、奉献"的大庆精神和铁人精神。

图 1-21　大庆工人篝火旁学"两论"

石油勘探和开发不仅需要埋头苦干和实干的精神，更需要严格的科学态度和理论素养。大庆油田的发现，是"陆相生油理论"的胜利。20 世纪前半叶，世界油气勘探的指导理论认为，海相地层才能生油，陆相地层不能生油，即使在陆相沉积的地层当中找到油藏，也难以形成具备开发价值的工业油流。我国提出的"陆相生油理论"打破了"唯海相生油理论"的权威论断。大庆油田、胜利油田的相继发现不但证实了陆相沉积盆地可以生油，而且可以形成特大型油田。这一理论极大地解放了中国地质学家的思想，开创了在陆相沉积盆地寻找大油田的新篇章。

图 1-22　王进喜奋不顾身地跳进泥浆池用身体搅拌泥浆的场景

拓展阅读

坚守与创新铸就大庆新辉煌

当"石油峰值""后化石能源时代"等等词汇已不再遥远，大庆的未来又当如何，如今的大庆依靠什么来迎接挑战，铸就新辉煌，大庆人是否依然能够创造奇迹？

田间那几间破败的干打垒承载的是"宁可少活 20 年，拼命也要拿下大油田"的深刻记忆。宽阔道路边的一座座楼房、一丛丛井架又在向我们昭示着大庆 50 年英雄辈出、贡献迭起的辉煌历史。

创新是油田的新生和新产业的接续——大庆油田的发展史也是一部科技创新史，通过科研攻关，从油田自喷井的一次采油，到注水驱油的二次采油，采收率大幅提高。但 20 世纪末油田含水率已高达 90%，国外权威专家认为三元复合驱技术（三次采油技术）并不适合大庆，时代又一次向大庆油田的命运提出了挑战。为了大庆的稳产高产，大庆人再次拿出了不服输的干劲，发扬大庆精神和铁人精神，依靠科技创新，走出了新时期的"油荒"阴霾。如今，"创新"已经走出油田，大庆的高新技术开发区以实际行动告诉人们，大庆通过接续产业的发展已经实现了资源型城市的华美转型。这就是大庆，在创新中实现超越。

坚守是大庆精神和铁人精神的传递——大庆的坚守同样令人感动。在大庆，随处可见会战时期激动人心的口号与标语，在铁人带过的队伍——1205钻井队、"三老四严"的发源地——中四采油队，大庆油田处处闪现着思想政治工作的光芒，"要对油田负责一辈子""干工作要经得起子孙万代的检验"，成为石油人的座右铭。大庆精神，铁人精神从未淡出人们的记忆，它早已融贯到大庆的企业文化和员工的血液中，体现在大庆油田各个岗位严谨的工作作风和出色的工作成绩上，成为迈向未来的强大动力之源。

正是这种坚守与创新见证了大庆发展的一个个转折点，成就了今天的大庆，也一定会在未来实现"百年油田"的梦想。

1963年，大庆原油已占全国原油总量的一半以上。1963年，中国需要的石油基本可以自给，中国人民使用"洋油"的时代一去不复返。这在中国石油史上竖起了一座里程碑。

大庆会战刚刚结束，我国又在渤海湾地区开展了更大规模的找油、找气战场。1964年，勘探主力从松辽盆地转移到渤海湾盆地，相继建成了胜利、辽河、新疆、四川、大港、华北、长庆等大型油气田，石油产量快速上升。经过十多年的勘探开发，我国东部第二个大的含油气区形成。其中，位于山东黄河三角洲的胜利油田于1961年钻出石油，1964年展开会战，1973年采油年产量达到1084万吨，成为我国渤海地区开发的最大油田。

石油职工还在湖北的江汉、陕甘宁的长庆、河南南阳等地组织大会战。我国不仅在陆地蕴藏着丰富的油气资源，而且从南到北万里海疆大陆架下也埋藏着丰富的石油天然气。渤海的埕北油田，南海的流花11-1油田、涠10-3油田都相继投入开发。

截至1978年，只用不到30年的时间，中国原油年产量就突破1亿吨，跨入了世界主要产油国的行列。

石油工业诞生以来，涌现出大量中外优秀的科学家和工程师。通过他们为科学事业不畏艰难的卓越事迹，我们了解到学习科学技术，不仅仅是为了知识的传承，还要领悟包括求真精神、探索精神、怀疑精神、创新精神等在内的科学精神。石油科技史上李四光、孙越崎、黄汲清等众多杰出的科学家在国外完成学业后，放弃优厚的生活待遇毅然回国献身石油事业，在祖国最需要的时候做出了表率；为了摘掉"中国贫油"的帽子，中国石油工人和科技人员发扬"为国分忧，为民争气"的爱国主义精神，宁可少活20年，拼命也要拿下大油田。今天的石油人正是受到这些石油事业先辈们的鼓舞，坚定树立专业热情，才有今天"到西部去，到基层去，到祖国最需要的地方去"的积极行动，诠释出"我为祖国献石油"的爱国主义精神。

科学技术的社会建制使得从事科学技术的石油人才把职业作为谋生的手段，而石油科技史则提醒每一位石油人要重视人的价值，在进行科学实践时，要意识到自己所从事工作的社会意义和道德责任感，致力于追求社会的和谐发展。科学精神与人文精神必须平衡发展才能培养出钱学森所说的"政治可靠、道德纯洁、文理兼顾、古今融会、中西贯通的全才"。

1.3.3　石油工业的新发展（1978—1998 年）

1978 年 12 月，中国共产党第十一届三中全会做出了从 1979 年起，把全党工作重点转移到社会主义现代化建设上来的战略决策，如一股强劲的春风，吹遍了神州大地，为石油工业的发展注入了新的活力。

石油工作者先后在河南濮阳发现了中原油田，在黄河入海口这片中国最年轻的土地上发现了孤东油田，滇黔桂地区的百色油田也投入开发。在川东、川中又有关于天然气的新发现，在陕甘宁地区也发现了大型天然气藏。

20 世纪 90 年代，中国石油天然气总公司提出了稳定东部、发展西部、油气并举、大力发展海洋勘探和积极开拓海外石油勘探开发市场的新战略。

在继续加强东部石油和天然气勘探开发的同时，中国石油天然气总公司集中人力物力在新疆东部的吐鲁番盆地和南部的塔里木盆地开辟找油找气的新战场。实践证明，这里是油气富集的战略后备地区。吐哈、轮南、东河塘、英买力油田的大会战打响。塔克拉玛干腹地也找到了超亿吨的整装油田。经过近 20 年的艰苦努力，石油工作者们发现了一大批新油田，保证了我国原油产量的稳定增长，西部盆地探明石油储量较快速增长的趋势还将继续下去。如图 1-23 所示是开发中的塔里木油田。

为了我国石油工业的多元发展，我国于 1982 年成立了中国海洋石油总公司，1983 年 7 月，中国石油化工总公司成立。中国第三家国有石油公司——中国新星石油有限责任公司也于 1997 年 1 月成立。至此，我国石油石化工业形成了四家公司团结协作、共同发展的新格局。

石油工业是探索地下奥秘的事业，需要高科技、多学科联合作战。在勘探方面，我国已拥有数百支精良的地震队，采用先进的地球物理勘探技术，可在深海、浅海、陆地、沙漠进行野外施工，并拥有数十个地震资料处理中心，处理大量的二维和三维地震资料。我国石油工作者总结出陆相

图 1-23　开发中的塔里木油田

含油盆地找油理论和方法，并利用遥感技术、地球物理勘探、地球化学勘探等技术手段在中国陆地和海洋上找到了一大批各种类型的油气藏，建成了数十个大型油气生产基地。我国拥有数千支钻井队，年钻井总进尺数千万米，钻井过程中还特别重视油气层保护技术，不但能打定向井、丛式井，还能钻探超深井和高质量的水平井。

1.3.4　新世纪的石油工业（1998 年至今）

大量事实证明"化石能源时代"即将结束，21 世纪的人类社会正在迈向"后化石能源时代"。化石能源的逐渐减少对世界经济产生了巨大的挑战，在新形势下，我们关注的焦点不应仅局限于油气资源的勘探开发本身，以及峰值来临的时间，更重要的是要转变传统的发展理念和思维方式，将油气资源的开发看作是涉及油气科技进步、油气资源结构、社会经济协调发展等要素，通过内在关联所组成的一个复杂系统。科技进步是油气资源开发的根本保证，油气资源结构多样化是油气资源开发的战略选择，实现与社会经济协调发展是油气资源开发的长效机制。

拓展阅读

化石能源

化石能源是一种碳氢化合物或其衍生物。它由古代生物的化石沉积而来，是一次能源。化石燃料不完全燃烧后，都会散发出有毒的气体，但化石燃料却是人类必不可少的燃料。化石能源所包含的天然资源有煤炭、石油和天然气。

1. 科技进步是油气资源开发的根本保证

石油工业的发展离不开科技的力量。未来油气资源开发的成功，依然依赖于理论研究和技术攻关的协同发展，在复杂的多层次、时间空间差异性很大的研究对象面前，石油工作者要具有多样性的思维，为提高采收率，减缓油气资源的枯竭做出贡献。

要实现多元油气理论并举。在地质学领域特定的历史情境中，一个理论推翻另一个理论的情况非常常见，如地学史上的"水成论"与"火成论""灾变论"与"渐变论"之争，但后来证明各理论都有其合理性。唯有保持理论之间的张力，承认不同油气理论的差异性和合理性，才能为理论的出现、发展和创新提供机会。从潘钟祥、黄汲清等人打破国外权威的"海相生油"理论，创立并发展出中国人的"陆相生油"理论；到大庆会战职工在篝火旁边学"两论"，通过认识规律和实践原则创造了奇迹和辉煌；再到中国南海大面积"可燃冰"的圈定、大庆油田三次采油技术的突破以及"海上大庆油田"的建立，中国石油工业的每一步前行都离不开石油人创新的力量。创新已经融入中国石油工业的血液，没有科技创新，没有创新型人才，就没有中国石油工业的未来。正因如此，中国的石油天然气勘探，经历了从"陆相找油"到"海相找油"的回归，实现了指导理论的大跨越。20世纪末，陆相生油理论指导下的中国油气勘探，再也没有大的突破，油气勘探理论和思路需要调整，从而开始了中国油气资源的"二次创业"。从理论上讲，中国的大地构造应该有分布较广的海相地层，这就意味着在海相碳酸盐岩层里面会有更多的油气资源。我国的油气勘测通过石油地质学、地球物理学和信息技术等多学科的联合攻关，在胜利油田、大港油田、大庆油田以东的徐家围子、塔里木盆地的塔河油气田，以及四川的普光油气田都取得了海相油气勘探的新进展，证实了海相残留盆地成油气藏理论的成立，也证实了中国海相残留盆地有丰富的油气藏。

要推动油气技术的战略更替。后化石能源时代的需要是石油石化技术发展的主要驱动力，当前的技术主要集中于中后期油气田、深水海洋油气田和非常规油气资源的开发。

未来油气勘探开发技术的发展以油气田的中后期开发为主，以适应后化石能源时代的需要。随着我国浅层和易于开发的油气田越来越少，相应地出现了更为先进的地震勘探、测井、钻井、试油等勘探技术，油藏精细描述技术，剩余油分布规律研究方法，提高油田采收率技术，改善油田开发效果技术，油田开发中后期综合治理配套技术，油藏整体优化开发技术，油田信息化技术等方法和技术。这些方法和技术的使用，将不断深化人们对陆相生油与成藏理论、海相油气地质理论及岩性地层油气藏地质理论的认识。

我国正迎来海洋油气田开发的黄金时期，深水油气田开发技术日趋成熟。在近十年发现的大型油气田中，60%是海洋油气田，预计到2020年，海洋石油产量将占世界石油总产量的35%，海洋天然气产量将占世界天然气总产量的41%。深水海域已经成为国际上油气勘探开发的重要接替区域。深海油气资源的开发对环境、保险、安全事故处理的要求比浅海更高。2012年5月，中国首座自主设计、建造的深水半潜式钻井平台"海洋石油981"（图1-24）首钻成功，最大作业水深3000米，钻井深度可达12 000米，标志着海洋石油重大深水技术装备迈上了新的台阶，为我国2020年实现"深水大庆"的目标打下了良好的基础。

图1-24　海洋石油981钻井平台

2. 油气资源结构更替是油气资源开发的战略选择

欧佩克的创始人扎基·亚马尼曾说过："石器时代的结束并非源于缺少石头，同样，石油时代也不会因为缺少石油而消亡。"这意味着，当人们发现更为廉价而高效的替代能源时，自然也就会告别石油时代。然而，当前新能源的开发成本较高，技术上仍存在不可控的危险（如核能的利用），因而后化石能源时代的油气资源只有在原有基础上实现结构的战略性重组，才能实现接续发展。

石油资源的替代重点是动力燃料。在石油的诸多产品中，燃料的产量最大，约占石油总产量的90%。无论是从石油储量的未来潜能角度还是从环境保护的角度，推进石油替代势在必行。目前，除了动力燃料之外的石油化工产品，尚未有相当效能的替代产品，因而替代的重点就是动力燃料。如果将动力燃料的部分进行替代，将大量的石油用于石油化工产品的制造，那么石油的使用寿命还会有较大程度的延长。

天然气将取代石油成为增长最快的化石燃料。常规天然气产业将进入"天然气黄金时代"。天然气是油气资源进入后化石能源时代后向可再生能源过渡时期的主导能源。在常规油气资源（在目前技术条件下可以采出，并具有经济效益的石油和天然气资源）中，天然气已被全球普遍看好为21世纪前期能够满足能源需求、改善能源结构、保护大气环境的主要清洁能源，在今后20年左右有可能超过石油成为世界第一能源。我国常规与非常规天然气资源都很丰富，而且天然气工业发展比石油大约晚30年，目前刚刚进入发展的初期，未来具有良好的发展前景。加快推进能源结构低碳化，促进含碳较低的天然气取代石油、煤炭等高碳能源，正成为发展潮流和趋势。

拓展阅读

天 然 气

广义的天然气是指自然界中天然存在的一切气体，包括大气圈、水圈和岩石圈中各种自然过程形成的气体（包括油田气、气田气、泥火山气、煤层气和生物生成气等）。

而人们长期以来通用的"天然气"的定义，是从能量角度出发的狭义定义，是指天然蕴藏于地层中的烃类和非烃类气体的混合物。在石油地质学中，天然气通常是指油田气和气田气。其组成以烃类为主，并含有非烃气体。

3. 实现与社会经济协调发展是油气资源开发的长效机制

随着国民经济的飞速发展和石油天然气勘探开发力度的增大，油气储量日渐减少的现实是无法回避的，如何科学调整油气资源开发、社会经济发展和环境保护这个大系统内部的诸多子系统之间的关系是后化石能源时代客观而又紧迫的任务。

要实现石油资源型城市向综合型城市的转型。石油资源型城市的共同特点是产业结构单一、抗风险能力薄弱、浓厚的石油资源依赖性，以及政企合一的管理体制。应着重分析和研究国内外资源型城市转型的模式和经验，以实现资源型城市的顺利转型。大庆正是我国石油资源型城市可持续发展的一个典型"样板"。为了避免走"油尽城衰"的老路，大庆不断调整优化经济结构，逐渐形成了以石油经济为基础、石化产业和地方经济为支撑、新兴第三产业迅速崛起、多元经济共同发展的新格局，避免了重蹈石油资源型城市"因油而兴、因油而衰"的覆辙。

要实现石油公司向能源公司的转型。1999年，中国石油、中国石化和中海油按照"主业与辅业分离、优良资产与不良资产分离、企业职能与社会职能分离"的原则，开展企业内部重组，组建了各自的股份公司。2000年和2001年，三家股份公司先后在海外成功上市，成功走上国际资本市场的大舞台。随着世界能源价格的不断上涨、资源的日趋紧张以及低碳经济时代的来临，石油和天然气公司要做到未雨绸缪，加快转型步伐，研究和开发低碳技术、替代能源与可再生能源，逐步实现石油公司向能源公司的转型。能源公司将以油气业务为主，有序发展新能源业务。从事能源生产与销售的企业，应从战略层面高度重视开发利用新能源和可再生能源，在战术层面采取技术突破、试点先行、有序推进的办法，既抢占市场先机，储备开发技术，又考虑经济性和替代性。

油气资源开发要与当地生态环境和谐发展。油气行业与环境的关系十分密切，也与人民生活息息相关。我国的石油企业逐渐形成绿色、清洁、低碳发展的理念，参与涉及全球环保重大问题的研究和实践，积极投入社会公益事业，努力实现经济活动、环境保护和社会责任三方面的平衡发展。

当前，绿色可持续发展战略下的石油化工生产技术不断取得新的进展，企业更加重视安全、环保的油气资源开发手段。回顾2012年墨西哥湾漏油事件和中国大连石油泄漏事件，这些恶性安全环保事故的严重后果已远远超出一个企业所能承担的范围，防范事故不仅要有国家和企业的重视、对油气开发高风险活动展开事前监管，更要倡导和支持低碳技术创新，体现资源价值，保持与资源地之间关系融洽。此外，当油气资源开采技术不够成熟时，为防止事故发生，不应冒险进行开采。

21世纪的石油工业已步入化石能源时代的新阶段，有关石油峰值的诸多预测模型纷纷出现，但在未来较长的一段时间内，世界经济的发展仍将依赖于化石能源。只有保持科技进步、进行能源结构调整，并对油气资源与经济社会的协调发展有系统和整体的认识，才能在后化石能源时代实现资源、经济和环境的长期和谐可持续发展。

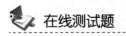 **思考题**

1. 中国古代石油天然气勘探开采过程中取得了哪些令世人瞩目的成绩？

2. 什么是"世界石油七姐妹"？这些石油公司对世界的实际影响有哪些？

3. 中华人民共和国成立后，我国的石油人是如何突破困局，恢复和发展我国石油工业的？

在线测试题

一、单项选择题

1. "石油"一词最早见于："鄜、延境内有石油，旧说'高奴县出脂水'，即此也，生于水际，沙石与泉水相杂，惘惘而出，土人以雉尾挹之，乃采入缶中，颇似淳漆，燃之如麻，但烟甚浓，所幄幕皆黑。予疑其烟可用，试扫其煤以为墨，黑光如漆，松墨不及也……"由（　　）在其论著中所载。

A. 王安石　　B. 沈括　　C. 李时珍　　D. 诸葛亮

2. 1859 年 8 月 27 日是近代石油工业的诞生日，这一天出现了世界上第一口用机器钻成，并在井口用蒸汽动力泵来抽油的油井，人们称之为（　　）。

A. 邛崃火井　　B. 比斯尔井　　C. 德雷克井　　D. 卓筒井

3. 石油储藏量占世界一半以上的地区是（　　）。

A. 东南亚　　B. 南亚　　C. 中东　　D. 东亚

4. 图 1-25 是世界能源消费图，根据以下能源工业的历史变化，推断图中曲线分别表示的能源名称是（　　）。

A. ①煤炭②石油和天然气③水电和核电

B. ①石油和天然气②煤炭③水电和核电

C. ①石油和天然气②水电和核电③煤炭

D. ①水电和核电②煤炭③石油和天然气

5. 1973 年，苏联石油产量超过了美国而成为世界第一大产油国，以下所列原因与此情况无关的是（　　）。

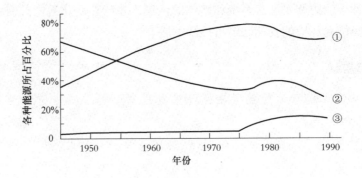

图1-25 世界能源消费

A. 苏联顺利经历了从高加索到伏尔加—乌拉尔和西西伯利亚的两次石油战略接替

B. 美国的石油重大发展很少，石油储量接替不上，每年新增可采储量不能弥补产量

C. 美国石油工业的技术水平出现下滑趋势

D. 美国20世纪60年代虽发现阿拉斯加北坡的普鲁德霍湾油田，但该油田直到1976年第一次石油危机之后才得以开发

二、是非判断题

1. 胜利油田被称为中国石油工业的"摇篮"和"母校"。　　　　　（　　）

2. "三老四严"精神，即当老实人、说老实话、做老实事，严格的要求、严密的组织、严肃的态度、严明的纪律。　　　　　（　　）

3. 在1942年举行的中国工程师学会年会上，李四光因在中国西部地区创办能源工业，成绩卓著，被授予金质奖章一枚。李四光被誉为近代中国的"煤油大王"。　　　　　（　　）

4. 两次石油危机表明，资本主义不公正的石油体系必须打破。各发展中产油国不能听任外国大石油公司的控制、掠夺和摆布。　　　　　（　　）

5. 所谓石油租借地制度（Oil-Concession），就是不发达国家把一定面积的国土连同其他地下资源，按一定的条件（矿区使用费——相当于地租），租借给外国公司。在合同有效期内，外国公司在租借地上任意勘探、开采、经营，把产品运走，在矿区使用费之外，再向所在国家缴纳少量的税收。宗主国对租借地上的活动不能干预。外国公司在这些租借地上，不仅有自己的商店、学校，而且还有武装人员。这种租借地，往往是殖民地或附属国给予宗主国的公司的，是一种十分不平等的经济关系。（　　）

6. 中国台湾最早发现石油天然气的地方——苗栗出磺坑（苗栗八景之一），这口井是我国使用美国顿钻钻机开凿成功的第一口古油井，也是台湾省石油工业的发祥地。 （   ）

7. 中国是世界上最早发现和利用石油及天然气的国家之一。但自1878年近代石油勘探技术在中国出现以来，近半个多世纪，中国的石油工业几乎没有什么发展，其中一个重要原因是"中国陆相贫油"的观念束缚了人们的思想。 （   ）

8. 现在我们使用的90%的有机化学物质——药品、农用化学制品和塑料都是用石油为原料制造的；将石油作为原料使用，要比将它烧掉更好。 （   ）

9. 在中国石油工业史上，有两个极具指标意义的"历史拐点"，第一个是1963年，大庆油田开始量产，《人民日报》上欢呼中国从此"把贫油的帽子丢进了太平洋"；第二个是1993年，中国开始成为石油净进口国，历史又一次轮回，中国又回到了"贫油时代"。 （   ）

10. 1953年，美国地质学家哈伯特创造出一个石油枯竭模型，宣称美国石油产量将在20世纪60年代末至70年代初达到顶峰，随后产量因储量减少会持续下降。他的预见在1970年果然变成现实。石油界由此把这个模型叫作哈伯特峰值（Hubbert's peak）。 （   ）

第2章
中国石油文化的内涵及产生背景

学习目标

　　了解文化与文化的发展、中国石油文化的基本内涵，掌握传统石油企业文化的核心和灵魂；

　　明确中国石油文化产生的背景与条件，培养民族自豪感；

　　理解、传播新时代背景下的中国石油文化。

2.1　中国石油文化的内涵

　　"宁可少活20年，拼命也要拿下大油田。""有条件要上，没有条件创造条件也要上。""甘愿为党和人民当一辈子老黄牛。""北风当电扇，大雪当炒面，天南海北来会战，誓夺头号大油田。干！干！干！""人无压力轻飘飘，井无压力不出油。"

——王进喜

📖 案例

　　1960年，"东北松辽石油大会战"打响。3月25日，王进喜带领钻井队到了萨尔图。没有吊车？没有拖拉机？汽车也不足？不要紧！可以用撬杠撬、滚杠滚、大绳拉的办法，四天搞定！没有打井用的水？不要紧！可以破冰取水！没有大型工具运水怎么办？不要紧！可以用脸盆端、水桶挑！

　　1960年4月29日，在"五一"万人誓师大会上，王进喜成为大会战树立的第一个典型，成为大会战的一面"旗帜"。也就是在这次大会上，他喊出了对祖国的铮铮誓言：“宁可少活 20 年，拼命也要拿下大油田。”在这样的口号激励下，轰轰烈烈的石油大会战很快取得了显著成果。1960年 6 月 1 日，大庆油田首车原油外运。到了年底，大庆油田生产原油 97 万吨。“铁人”王进喜以其超人的敬业精神带领钻井队为中国石油事业的发展创下了一个又一个的奇迹。

2.1.1　文化与文化的发展

1. 文化的本质

什么是文化？文化的本质是什么？这是一个普通得谁都可以津津乐道而又复杂得没有人说得清的问题。文化是世界上最富历史性、最多义的概念之一。据统计，世界上关于文化的定义有数百种之多，却没有一个公认最明确、最权威的定义。

文化通常是指人民群众在社会历史实践过程中所创造的物质和精神财富的总和。它是一种历史现象，每一个社会都有与其相适应的文化，并随着社会物质生产的发展而发展。

人们通常使用的“文化”一词，来源于拉丁文 Cultura，意为“耕作、培养、教育、发展、尊重”等。就是说，它最初是指土地的开垦及植物栽培，后来延伸为指对人的身体、精神发育的培养，再后来进一步发展为指人类社会在征服自然和自我发展过程中所创造的物质、精神财富。

文化或文明，就其广泛的民族学意义来讲，是一个复合整体，包括知识、信仰、艺术、道德、法律、习俗，以及作为一个社会成员的人所习得的其他一切能力和习惯。

——E. B. 泰勒

在中国古汉语中，“文”这个字原本是指“色彩交错”、好看的“纹理”、文字文章等，推广开来，就有“使……变得有条理、合理、好看”的意思，表示一种将事物人工化，用人的标准和尺度去改变对象的行为和效果。“化”的意思是“变、改变”，包括“使……（完全地）变成……”。于是，《周易》“观乎人文，以化成天下”，也就可以解释为“用人（文）化了的东西，再来造就人的世界”。依此分析可知，文化并不是在人之先、外在于人的神秘莫测的东西。《辞海》上对文化的释义是：“从广义来说，指人类社会历史实践过程中所创造的物质和精神财富的总和；从狭义来说，指社会的意识形态以及与之相适应的制度和组织结构。"文化并不神秘，它贯穿在人类生活实践的所有领域、一切方面，物质文化、制度文化、精神文化等都是其有机组成部分，经济、政治、法律、道德、科学、技术、教育、宗教、环境及文学艺术等，都是其具体的表现形式。

人们或许会提出疑问：照此看来，文化问题似乎在人类生活中无所不在，无所不包。那么究竟什么是文化？或者这里说的"文化"究竟是指什么？"文化"的确是一个让人既感兴趣，又感到几分无奈的问题。学术上使用，各有所指："大文化""小文化"；物质文化、制度文化、精神文化……日常生活中讲"文化"，更是五花八门。这给人一种印象，似乎凡说不清、不敢说的问题，就是"文化"，"文化是个筐，什么都可往里装"。难怪有人批评说："什么都是文化，就什么也不是文化。"对文化的各种理解都不无道理，问题是它们仍滞留于文化的外在形式，没有把握文化的本质。学术研究真正要把握的是：文化的内在含义和普遍特征究竟是什么。

人究竟是什么？人应该是什么和应该做什么？"人究竟是什么"是人对自己的事实性认知。作为一种文化动物，人会不断地对人的本性、存在和价值发问，不断对人的来龙去脉发问。

总而言之，文化问题就是人的问题，它可以具体体现为"人是什么"和"人应该是什么和做什么"的问题。当今文化、文明问题之所以如此突出，之所以"文化热"反复出现，就是因为世界文化、文明正处于转折点，文化领域纷乱无序，许许多多问题和困惑都直指我们怎样思考人、重新设定人，直指人生存的样态、价值和趋向，直接拷问人应该是什么、做什么，也即指向人如何"化"世界、"化"自己。内涵的思考意味着思考方式的改变。比如：对"什么都是文化，就什么也不是文化"，就应该从积极的方面去理解。就像说"什么物体都有颜色，但什么物体都不是颜色本身"一样，文化并不是某个物体或某类物体，它不是在某个地方、某个时刻单独存在的"东西"，也不仅仅是一些人的专业或职业的某个固定活动领域、某种特定的活动方式。文化是在人的一切思想、感情、活动及其结果中所包含并表现出来的特征、属性和意义，或者更确切地说，是其中包含并表现出来的"人"（人的生存发展状态、能力、方式和水平等）本身、"文化就是在对象化中显现出来的人"。

文化，其实质就在人和人的活动本身，即"人化"和"化人"："人化"是指人以自己的活动，按人的方式改造整个世界，使相关的一切打上人文印迹，烙上人文性质；"化人"则意味着反过来，用这些改造世界的人文成果武装人、提升人、造就人，使人获得更全面、更自由的发展，日益成为"人"。

人"化"自然，无论是人借助语言、神话、宗教、科学等手段"包装"过的自然界，还是通过技艺、人工培植、驯养和改良了的自然物，其中都已经凝聚了人的观念、情感、智慧、理想和力量，成为超出个体之上的相对独立的客观事实，构成环绕我们的一种氛围。"人化"的效果、后果不是与人不相干的，而是为"化人"服务的，是人的不断生成、发展和完善的一部分。生活在这样的自然中，也就是在潜移默化地接受着凝聚于其中的意识、情感，也就是接受自然中属于人的特性的熏陶。所以"人化"不仅是使自然状态转变为适合人的状态，而且是促进人自身"向文而化"的必要条件。不仅人创造出来的物质文明会反过来"化人"，"人化"出来的社会关系、人的生活方式、"人化"出来的精神世界等，都会反作用于人。"人化"出来的人文世界一经产生，也具有外在于个人之上的客观性。它作为既成的事实存在着，不以人们的意志为转移，而且具有独立于个体之上的超前性。因为"人化"的成果不是个人的，而是社会的，它们只有在人们的交往中，在超越个体的整体中才能存在。个体降生前，它就存在；个体死亡，它仍然存在。个体的生命和力量有限，作为整体的"人化"世界却是无限的。于是，每个人注定面对一种远远超出他们个人之上的社会体系，被其氛围所包裹。人们同时也把这种生活中所渗透的各种文化内涵展示出来，影响周围的人。我们不可能逃匿这个社会，不可能不受它的熏陶。只要我们生存，我们就是在被我们的文化所"化"。

虽然不同地区和民族的具体情况有所区别，但人类总体上就是这样（在不断改造世界的同时，不断地改造自己）生存和发展起来的。而人的生存发展的方式、过程、状态和成果本身，用一个整体性的抽象概念描述出来，给它起一个动词式的名字，就是"文化"。"人化"和"化人"有许多方面，并且每一方面都在时刻变化着，总体上是一个无限循环上升的进程。这一进程也构成了文化进步的契机。在循环上升或进步发展的进程中，不同的阶段和它的不同侧面，"人化"和"化人"的情况都有所不同，因此人们看到的"文化"也总是有所不同，但不停地"人化"和"化人"这一总趋势却不会改变。

因此，作为"人化"与"化人"之统一的文化，其宗旨就在于如何更好地做人、提升人、造就人。文化是怎样的，归根到底人自己就是怎样的；我们的文化怎样，归根到底我们自己也就怎样。人是文化之根、之源、之一切，文化反过来也规定着人"是什么"，规定着人"应该是什么""应该做什么"。

基于上述理解，我们可以对文化做出不同解释和概括，可以提出不同的文化发展任务和战略目标，也必然会形成不同的运作方式和应对策略。这一观念要求我们在思考其他问题时，首先要抓住的是根，是本质，是整体，是灵魂和关键；而不是细枝末节，不是形式和皮毛。以面向世界、面向未来、复兴中华文明为使命的当代文化建设，需要着眼于深层、整体和长远，才能辨别方向，看清趋势，把握主动。

2. 文化的基本内涵

美国文化人类学家 A. L. 克罗伯和 K. 科拉克洪在 1952 年发表的《文化：一个概念定义的考评》中，分析考察了 100 多种文化定义，然后对文化下了一个综合定义："文化存在于各种内隐的和外显的模式之中，借助符号的运用得以被学习与传播，并构成人类群体的特殊成就，这些成就包括他们制造物品的各种具体式样。文化的基本要素是传统（通过历史衍生和由选择得到的）思想观念和价值，其中尤以价值观最为重要。"克罗伯和科拉克洪对文化的定义为现代西方许多学者所接受。

我们可以从文化的要素和文化的一般特征两个方面来深入理解文化的含义。

文化的要素主要包括以下方面。

① 精神要素，即精神文化。它主要是指哲学和其他具体科学、宗教、艺术、伦理道德及价值观念等，其中尤以价值观念最为重要，是精神文化的核心。精神文化是文化要素中最有活力的部分，是人类创造活动的动力。没有精神文化，人类便无法与动物相区别。价值观念是一个社会的成员评价行为和事物，以及从各种可能的目标中选择合意目标的标准。这个标准存在于人的内心，并通过态度和行为表现出来，它决定人们赞赏什么、追求什么、选择什么样的生活目标和生活方式。同时，价值观念还体现在人类创造的一切物质和非物质产品之中。产品的种类、用途和式样，无不反映着创造者的价值观念。

② 语言和符号。两者具有相同的性质，即表意性。在人类的交往活动中，二者都起着沟通的作用。语言和符号还是文化积淀和储存的手段。人类只有借助语言和符号才能沟通，只有沟通和互动才能创造文化。而文化的各个方面也只有通过语言和符号才能反映和传授。能够使用语言和符号从事生产和社会活动，创造出丰富多彩的文化，是人类特有的属性。

③ 规范体系。规范是人们行为的准则，有约定俗成的（如风俗等），也有明文规定的（如法律条文、群体组织的规章制度等）。各种规范之间互相联系，互相渗透，互为补充，共同调整着人们的各种社会关系。规范规定了人们活动的方向、方法和式样，以及语言和符号使用的对象和方法。规范是人类为了满足需要而设立或自然形成的，是价值观念的具体化。规范体系具有外显性，了解一个社会或群体的文化，往往是先从认识规范开始的。

④ 社会关系和社会组织。社会关系是上述各文化要素产生的基础。生产关系是各种社会关系的基础。在生产关系的基础上，又发生各种各样的社会关系。这些社会关系既是文化的一部分，又是创造文化的基础。社会关系的确定，要有组织保障。社会组织是实现社会关系的实体。一个社会要建立诸多社会组织来保证各种社会关系的实现和运行。家庭、工厂、公司、学校、教会、政府、军队等都是保证各种社会关系运行的实体。社会组织，包括目标、规章、一定数量的成员和相应物质设备在内，既包括物质因素又包括精神因素。社会关系和社会组织紧密相关，成为文化的一个重要组成部分。

⑤ 物质产品。经过人类改造的自然环境和由人创造出来的一切物品，如工具、器皿（图 2-1）、服饰、建筑物、水坝、公园等，都是文化的有形部分。在它们上面凝聚着人的观念、需求和能力。

文化的一般特征主要有以下几方面。

① 文化是人类进化过程中衍生出来或创造出来的。自然存在物不是文化，只有经过人类有意或无意加工制作出来的东西才蕴藏着文化。例如，痰不是文化，吐痰入盂才是文化；水不是文化，水库才是文化；石头不是文化，石器才是文化等。

② 文化是后天习得的。文化不是先天遗传的本能，而是后天习得的经验和知识。例如，

图 2-1　文化产品：
景德镇青花瓷

男男女女不是文化，"男女授受不亲"或男女恋爱才是文化；前者是遗传的，后者是习得的。文化的一切方面，从语言、习惯、风俗、道德一直到科学知识、技术等，都是后天学习得到的。

③ 文化是共有的。文化是人类共同创造的社会性产物，它必须为一个

社会或群体的全体成员共同接受和遵循，才能成为文化。纯属个人私有的东西，如个人的怪癖等，不为社会成员所理解和接受，则不是文化。

④ 文化是一个连续不断的动态过程。文化既是一定社会、一定时代的产物，是一份社会遗产，又是一个连续不断的积累过程。每一代人都出生在一定的文化环境之中，并且自然地从上一代人那里继承了传统文化。同时，每一代人都根据自己的经验和需要对传统文化加以改造，在传统文化中注入新的内容，抛弃那些过时的、不合需要的部分。

⑤ 文化具有民族性和特定的阶级性。一般文化是从抽象意义上讲的。现实社会只有具体的文化，如古希腊文化、罗马文化、中国古代文化、中国现代文化等。具体文化受到诸多条件的制约，其中最主要的是受自然环境和人们的社会物质生活条件的制约。如有石头，才有石器文化；有茶树，才有饮茶文化；有客厅和闲暇时间，才会有欧洲贵族的沙龙文化。文化具有时代性、地区性、民族性和阶级性。自从民族形成以后，文化往往是以民族的形式出现的。一个民族使用共同的语言，遵守共同的风俗习惯，养成共同的心理素质和性格，此即民族文化的表现。图2-2即为中西方餐具差异，是文化差异的浓缩。在阶级社会中，由于各阶级所处的物质生活条件不同，社会地位不同，因而人们的价值观、信仰、习惯和生活方式也不同，于是出现了各阶级之间的文化差异。

图2-2　中西饮食餐具（文化）差异

文化是由各种元素组成的一个复杂的体系。这个体系中的各部分在功能上互相依存，在结构上互相连接，共同发挥社会整合和社会导向的功能。然而，特定的文化有时也会成为社会变迁和人类自身发展的阻力。

2.1.2　石油文化的基本内涵

1. 基本概念

什么是石油文化？石油文化是指中国石油相关行业全体员工在长期的

创业、经营和发展过程中培养形成并共同遵守的以大庆精神、铁人精神为核心的一系列石油行业精神文化、制度行为文化和物质文化的总和。它由精神层、制度行为层、物质层三个层次构成。精神层文化（价值观念体系），如大庆精神、铁人精神、"诚信、创新、业绩、和谐、安全"核心经营理念等，是石油文化的核心和灵魂。制度行为层文化（行为规范体系）是石油文化的中间层，包括对石油企业和员工的行为产生规范性、约束性的制度，体制机制，习惯等，是全体员工在共同生产经营活动中应当遵循的行动准则。其实质是指从制度与行为方式中折射和体现出的精神因素。物质层文化（品牌形象体系）是石油文化的外在表现和载体，属于石油文化表层部分，如宝石花标识体系、铁人像、石油大厦、西气东输工程等物质环境，"我为祖国献石油"等石油歌曲。其实质是中国石油创造的物质成果中所蕴含的精神因素，综合体现着社会公众和企业员工对企业物质文化、制度文化、精神文化的整体印象和评价（如图 2-3 所示）。

技术指引 勇于探索　　凝心聚力 勇往直前

图 2-3　石油文化

2. 石油文化的产生

石油企业文化产生于 20 世纪五六十年代。早在 20 世纪 50 年代，在"中国石油工业的摇篮"——玉门油田的恢复和建设中，就形成了以自力更生、艰苦奋斗、勤俭节约、多做贡献为主要内容的"玉门精神"。主要包括自力更生，艰苦奋斗的"一厘钱"精神；设备缺乏，自己修造的"穷捣鼓"精神；原材料不足，改制代用的"找米下锅"精神；人员不足，多做贡献的"小厂办大事"精神；修旧利废，挖潜改制的"再生产"精神。在此后进行的克拉玛依、柴达木、四川油田会战中，又形成了以顾全大局、艰苦奋斗、无私奉献为精髓的"柴达木精神"等。20 世纪 60 年代，随着大庆油田的发现和开发（图 2-4），形成了以"铁人精神"为代表的大庆精神。大庆精神是传统石油文化的代表。从内涵上看，它一方面继承了早期石油开发者自力更生、艰苦奋斗和无私奉献的精神，另一方面又发展和完善了石油企业的"开拓与献身"精神，丰富了企业文化的内涵。传统石油企业文化基本是以大庆精神为核心确立的。大庆精神对我国石油工业的发展产生了深远影响，作为我国第一个独立发现和开发的大型油田，大庆油田的开发建成受到了党和国家的高度重视，对促进大庆精神的传播起了推动作用。在大庆精神的鼓舞和指导下，培养了一代富有"献身与开拓"精神的石油人，他们后来又先后开发建成了胜利、辽河、华北、大港等一系列大型油田。

图 2-4　大庆石油会战

在我国石油工业开发建设的早期，由于特定的社会历史背景、会战式开发模式以及面临的当地社会环境和自然环境都十分相似，虽然各油田在开发建设中都形成了自己的文化，培育形成了以"玉门精神""柴达木精神""大庆精神""三老四严"等为代表的企业精神和理念，但可以说，传统的石油企业文化是一种统一的、整体的文化。

石油文化凝聚着石油人的奋斗史，蕴含着石油工业的发展史，承载着中华人民共和国的进步史。当年，在国家积贫积弱、百废待兴的时候，"石油工人一声吼，地球也要抖三抖""有条件要上，没有条件创造条件也要上""宁可少活20年，拼命也要拿下大油田"的拼搏誓言激励着那一代人不懈奋斗、为国争光。

伟大的时代创造伟大的精神，伟大的时代形成不朽的文化。纵观中华民族史，石油文化是从现代工业发展过程中萃取出的，并对整个行业乃至社会产生深远影响的奋斗精神。这是为国争光、为民族争气的爱国主义精神，独立自主、自力更生的艰苦创业精神，讲究科学、"三老四严"的求实精神，胸怀全局、为国分忧的奉献精神。这些，是几代石油人孕育铸就的中国石油文化的魂之所在，更是中华民族传统文化的重要内容。大庆石油会战催生了以大庆精神、铁人精神为内涵的石油文化，后继的油田开发建设为石油文化的成长提供了丰富的营养。在塔里木沙漠深处，石油工人喊出"只有荒凉的沙漠，没有荒凉的人生"的豪言壮语；在玉门油田，"老君庙精神"重新焕发时代的青春；在辽河无尽的芦苇荡碧波中，"家文化"无声地温暖着每一位员工……

石油工业发展的各个时期都离不开石油文化的精神支撑。创业初期，石油工业以文化为激励，砥砺前行；发展壮大期，石油工业以文化为动力，扬鞭奋起；改革转型期，石油工业以文化为引领，激流勇进。时代变化，岁月更迭，变的是容颜，不变的是文化。文化是企业发展的根基和灵魂，石油工业要发展壮大，就要对石油文化倾力传承。

拓展阅读

"石油工人一声吼，地球也要抖三抖，石油工人干劲大，天大困难也不怕！"半个世纪前，铁人王进喜的豪言壮语，让人热血沸腾、振聋发聩，激起了几万石油人战天斗地的热情，立下了誓死拿下大油田的豪情壮志。

在王进喜的带领下，大庆 1205 钻井队的几十名硬汉历时 5 天 4 小时打下了大会战的第一口油井，创下当时钻井周期的最短纪录，鼓舞了石油会战队伍的士气。

"老队长说过，有条件要上，没有条件创造条件也要上！"面对伊拉克哈法亚油田地质资料短缺、地层构造复杂、钻井难度大等全新挑战，大庆"新铁人"李新民的一声吼，让历史再现、薪火相传，再次燃起了石油铁军的斗志。

在李新民的带领下，1205 钻井队等多支石油铁军创造了哈法亚地区首口深井水平井、定向井单井最短施工周期等多项领先纪录。

一部艰苦创业史，百万薪火传承人。发展中国石油工业的大旗，被一代又一代石油人扛在肩上，屹立不倒，迎风招展。

从"一厘钱""穷捣鼓"等为核心的玉门油田精神，到顾全大局、艰苦奋斗、无私奉献为精髓的柴达木精神，再到以"爱国、创业、求实、奉献"为核心的大庆精神、铁人精神，石油光荣传统在一脉相承中不断升华，培育形成了以大庆精神、铁人精神为核心，具有独特魅力的石油光荣传统，激励着几代石油人为国分忧、为油奉献。

当年，创业者唱响"我为祖国献石油"的主旋律，以战天斗地的豪迈情怀，为国家争光、为民族争气，把中国贫油的帽子甩进太平洋，创造了世界石油工业史上的奇迹。

今天，面对复杂多变的内外部形势，百万石油人脊梁坚挺，用大庆精神、铁人精神提振队伍士气，用优良传统凝聚发展力量，补足精神之"钙"，重塑中国石油良好形象，实现有质量、有效益、可持续发展，努力为建设世界一流综合性国际能源公司做贡献。

2.1.3 中国石油文化的内涵

纵观新中国70年的奋进历程，似乎还没有一个工业行业像石油行业这样，在精神与文化的层面上对整个中国社会产生深刻的影响。以大庆精神、铁人精神为主要内涵的石油文化形成于20世纪60年代艰苦卓绝的石油会战，贯穿了近60年的油田火热发展实践，是几代石油人共同创造的宝贵精神财富。其基本内涵是：为国争光、为民族争气的爱国主义精神，独立自主、自力更生的艰苦创业精神，讲究科学、"三老四严"的求实精神，胸怀全局、为国分忧的奉献精神。大庆精神、铁人精神不仅成为中国石油传统文化的灵魂与精髓，更成为民族精神、时代精神的重要组成部分，激励着中国人民奋勇前进。随着时代的进步、科技的发展和人类认识的逐步提高，石油文化在继承传统文化精髓的基础上，与时俱进，汲取和吸收了时代精神，丰富了新的内涵。

"新时期铁人精神"是奉献精神与科学精神的结合，反映了更加尊重客观规律的特点；"HSE（健康、安全、环境）文化"唤醒人们对安全健康的渴望，从根本上提高安全认识，提高安全觉悟，牢固树立"安全第一""以人为本"的安全与健康高于一切的观念；"和谐文化"反映了"以民为先，以人为本，以和为贵"的群众思想与和谐理念。

随着创新发展、协调发展、绿色发展、开放发展、共享发展成为我们国家政治生态的主流意识，石油企业文化在滚滚历史洪流中进行自我超越成为必然，集传统、特色和时代精神为一体的石油文化必将为我国石油工业实现科学发展、和谐发展提供强有力的思想保证和精神动力。

传统石油企业文化可以概括为：以爱国、创业、求实、奉献为核心的企业精神，艰苦创业的企业形象，科技先行的经营战略，自觉奉献的价值观念，出手过硬的素质，严明细致的作风。其中，爱国、创业、求实、奉献的企业精神是传统石油企业文化的核心和灵魂。

1. 石油企业的爱国精神

石油企业的爱国精神是指广大石油工人在建设祖国石油工业的过程中所体现出来的以国家大局为重，为国分忧，为祖国石油工业的崛起而忘我劳动、顽强拼搏的高度思想境界和觉悟。具体表现在以下方面。

一是坚定的民族自尊心和自信心。我国油田开发建设早期，面临的最大难题是技术落后。1959 年，当大庆油田的第一口井喷出工业油流时，外国有专家预言，没有外国的先进技术，中国人不可能开发大庆油田。由于大庆油田地区天气寒冷，冬季漫长，产出的原油含蜡高、黏度高、凝固点高，油气集输困难，国外"洋专家"做出论断，要开发大庆油田，"除非把油田搬到赤道上去"。大庆油田职工没有气馁，没有退缩，他们发动群众，集思广益，研制成功了水套加热炉，创造性地解决了油井生产加热保温的问题。在极端困难的条件下，大庆油田钻井职工不断摸索，依靠顽强的斗志，创出了用九个半月时间打井 28 口、进尺 31 746 米的纪录，超过了当时苏联"功勋钻井队"创出的 31 341 米的纪录；1973 年，胜利油田钻井队又创造了年钻井进尺 151 420 米的纪录。石油工人用实际行动证明了敢于同世界先进水平较量的英雄气概，外国人能干的，中国人也能干，外国人办不到的，中国人未必不能办到。

二是为国分忧的民族忧患意识和进取精神。新中国成立之初，我国的石油工业非常落后，但是国家经济建设需要能源，因此寻找和开发石油是当时国家面临的紧迫任务。广大石油工人急国家之所急，为了满足国家建设的需要，开始了在中国的戈壁、沙漠、草原、荒滩寻找石油宝藏的艰难历程。他们不怕苦，不怕险，以苦为荣，长年奋战在荒滩野外，足迹踏遍祖国的"天涯海角"。20 世纪 50 年代初，在新疆克拉玛依，他们终于实现了新中国成立后的第一个石油勘探突破，紧接着又发现和开发了大庆、胜利、辽河等油田，初步奠定了我国石油工业的格局。

克拉玛依赋

易中天

浩浩乎平沙，茫茫乎戈壁，巍巍乎钻塔，猎猎乎旌旗，雄哉壮兮，克拉玛依！枕阿山而襟额河，临大漠而望伊犁，钟灵毓秀，曾是恐龙旧居；海啸山移，竟成魔鬼遗迹。春风不渡，飞鸟难入，商旅绕行，牧人原避。万千宝藏，不见天日，纵有流溢，其谁能识？

雄鸡唱，天下白，红旗展，马蹄疾，惊雷裂土，新城崛起；朔风动漠，英雄出世，有燕赵豪侠，齐鲁壮士，蜀陇才子，吴楚佳丽；共天山俊杰，草原健儿，维哈蒙回，十三个民族好兄弟。手挽手兮结同心，肩并肩兮创勋绩。脱军装换工装，铸剑为犁；认他乡作故乡，求同存异。黄沙扑面，奈何战士雄心；冰雪盈杯，怎敌巾帼豪气！于是钻机行，井架立，伟业成，奇功毕。

由来四十余年矣！试看今日之油城，竟是何等之气象！碧水穿城，是丹青自挥洒；长桥卧波，非弦管而嘹亮。网络捭阖，路接青云；阡陌纵横，旗卷绿浪。胡杨依旧，不见当年风霜；大雁重来，疑落银河街巷。是塞北却似江南，无渔舟而有晚唱。妖媚千姿，可比绿野将萌；风情万种，最是华灯初上。

噫吁嘻，克拉玛依！建设新边疆，已着先鞭；开发大西北，当仁不让。谨祷曰：海纳百川，川流无宿；壁力千仞，仞高无傍。天道行健，君子自强；自强之路，坦坦荡荡！

三是高度的主人翁意识和历史使命感。国家和个人的关系是石油工业建设者们必须首先摆正的，当二者发生冲突的时候应该选择哪个，反映了不同的价值观。广大石油工人在建设祖国石油工业的过程中，自觉地把个人的命运同祖国的繁荣富强联系在一起，以国为家，"舍小家，顾大家"。在油田开发建设中，石油人为油而战，闻油则喜，强烈的油意识流淌在石油人的血液中。

2. 石油企业的创业精神

创业精神是指广大石油工人独立自主、自力更生建设祖国石油工业的艰苦奋斗精神。我国石油工业的开发建设是在受到国际制裁的历史条件下进行的。刚刚成立的中华人民共和国，在世界上地位还较低，美国等西方国家千方百计制裁中国。1960年以后，中国与苏联的关系也越来越恶化，苏联撤走了在中国的专家。发展石油工业需要技术，在依靠外援不可能的条件下，中国石油人只有依靠自己，艰苦创业。石油工业的创业精神具体表现在以下方面。

一是吃苦耐劳的实干和拼搏精神。石油企业的作业环境十分恶劣，往往不是在戈壁、沙滩，就是在草原、荒漠，又是流动作战，哪里有油，哪里就是家，生活和劳动条件都十分艰苦，要求职工必须有超人的毅力和顽强拼搏的精神。20 世纪 50 年代，克拉玛依油田开发和建设初期，数千名石油工人来到戈壁滩上，没有房子，没有水，工人们住帐篷、钻地窖，用汽车和骆驼从 60 多公里以外的地方运水，生活用水按定量供应。克拉玛依的气候变化无常，冬季严寒，经常有暴风雪，夏季天气酷热，蚊蝇、牛虻成群。在开发初期，大庆油田是一望无际的荒原，胜利油田是在人烟稀少的滩海地区，喝咸水，吃野菜，住"干打垒"。建设者们发扬英勇顽强的战争精神，克服种种困难，创造了一个又一个石油奇迹。

二是知难而上、敢打硬仗的开拓精神。石油工业在开发建设早期，面临着技术装备缺乏、资金短缺、条件艰苦等诸多困难。面对困难和国家急需原油的形势，石油工人们喊出了"有条件要上，没有条件创造条件也要上"的口号，表现出了广大石油工人对待困难的顽强态度和发挥主观能动性改变世界的大无畏精神。"铁人"王进喜带领 32 名钻井工人，人拉肩扛，奋战多天，把井架立在草原上，打出了第一口油井。

三是依靠自我、解决困难的自力更生精神。1960 年，大庆石油会战正值我国国民经济处于极为困难的时期，为了解决生活困难，钻井指挥部机关薛桂芳等五名家属扛着铁锹，背上行李，来到离住地 15 公里远的地方开荒种菜，被称为"五把铁锹闹革命"。在她们的带动下，广大职工家属纷纷走出家门组织起来，大搞农副业生产。为了使职工有个安身之处，在会战工委的领导下，上到领导，下到生产工人、实习学生，人人动手，挖土筑墙，盖"干打垒"（图 2-5）。入冬前，仅用两个月时间，就建成了 30 多万平方米的房子，保证了广大石油职工安全过冬，对实现会战胜利发挥了重要作用。这种精神被称为"干打垒"精神。大庆"干打垒"的做法，在后来其他油田会战时被积极效仿。

四是不屈不挠、百折不回的进取精神。我国石油工业是广大石油工人完全依靠自我、不断摸索建立起来的，没有模式可循。因此，他们必须要有创造性，要有坚定的意志，奋发进取的开拓精神，不断开创新局面。1950 年冬，在玉门油田恢复建设中，全国著名劳动模范、钻井队队长郭孟

图 2-5　应用干打垒方法筑墙所盖的房子（干打垒，一种简易的
筑墙方法，在两块固定的木板中间填入黏土。）

和在防寒设备极其简陋的情况下，在海拔 2500 米的青草湾地区打井成功，为在高寒地区打井创造了经验。正是依靠这种精神，石油企业克服重重困难，独立自主闯出了一条符合我国国情的油田勘探开发道路。

3. 石油企业的求实精神

石油企业的求实精神具体表现在以下方面。

一是以求实的精神探求地下奥秘。油气勘探开发的对象是埋藏在地下的石油和天然气资源，看不见，摸不着，必须认识和掌握油气的生成和储运规律，这是油气开发的前提。因此，调查研究，并获取大量全面、准确、可靠的第一手资料，了解和认识油田的地下情况，是从事原油勘探开发的前提。玉门油田建设初期，我国石油工作者经过科学研究，明确了老君庙油田为水驱油田，编制并实施了顶部注气、边外注水的开发方案和边内外综合注水方案，使油层恢复活力，原油产量明显提高。实事求是，按客观规律办事，几十年来我国石油企业正是坚持以这些最基本的认识和经验总结为指导，进行油气勘探开发，并不断取得突破。

二是以求实精神开发油田。我国油藏主要是以陆相砂岩为储集层的油藏，这类油藏储油层层数多，层间差异大，原油黏度普遍高，天然能量低。针对这些特点，大庆油田在开发部署上，广泛采用分阶段布井的办法，逐步完善油田井网系统；在采油工艺上采用分层注水、分层采油、分层测试、分层改造的采油工艺方法，达到世界先进水平，保持了油田长期稳定高产。

三是以求实精神总结经验。在石油开采过程中，随时随地都会出现各种复杂情况和问题，石油职工始终坚持用"一切经过实验"的科学方法研究问题、总结经验、探索规律，然后再用于指导实践，掌握和认识油田生产变化的规律，坚持从实际出发，坚持实践、认识、再实践、再认识的辩证唯物主义认识观。这是我国各油田成功开发的宝贵经验。

四是以求实精神加强企业制度建设和作风建设。石油企业从事的是地下油气资源开发，地下情况复杂，隐蔽工程多，不同的行业、150 多个工种，既需要各单位大规模地协同作战，又需要班组独立作业和个人顶岗。此外，石油企业还具有投入大、风险高的特点，一旦决策失误或出现事故，就会给国家财产和员工的生命安全造成威胁。因此，建章立制至关重要。为了加强队伍管理和生产管理，在长期的油田开发实践中，石油企业依靠群众，不断总结经验，逐步形成了以岗位责任制为核心的一整套行之有效的规章制度。例如几十年来一以贯之的以职工群众自我检查、自我教育、自我提高为核心的群众性岗位大检查制度，有力地保证了秩序，促进了生产；各石油企业非常重视职工技术水平的提高，以求实的精神，培养职工的过硬素质，坚持开展群众性学习活动、岗位大练兵活动，创造了一些具有石油特色的做法。各油田还注意以求实的精神，进行职工的作风建设，在大量的、细小的、常见的生产和工作实践中，注重职工的道德和作风养成，形成了"三老四严""四个一样"等优良作风和行为规范。

4. 石油企业的献身精神

石油企业的献身精神是指广大石油工人在处理国家与个人的关系时，所表现出来的胸怀全局、忘我劳动、为国分忧解难、不计较个人得失的高尚品质。献身是指为他人和社会贡献自己的最大所能，是共产主义人生价值观的具体体现。

一是坚持人生在于奉献的价值观。人生的价值问题是个人与社会的关系问题，实质是贡献与索取的关系问题。人生价值是贡献与索取的统一，但是二者在人生价值构成中的作用是不同的。贡献是人生价值的基础，是衡量人生价值的标准。石油工人在为祖国石油工业崛起而拼搏的奋斗历程中，始终把贡献放在人生价值的首位，把个人价值的实现寄予在辉煌的石油事业中。献了青春献终身，献了终身献子孙，这是石油人奉献精神的生动写照。

二是坚持集体主义原则，个人利益服从油田利益。为油而战，以发展祖国的石油工业为己任，个人利益服从油田建设的需要，是广大石油工人的共同信念。在这种信念的作用下，石油企业形成了一种强烈的团队精神和集体主义传统。当集体利益与个人利益发生矛盾的时候，石油工人往往毫不犹豫地选择前者。

三是坚持局部利益服从全局利益，坚持油田利益服从国家利益。几十年来，石油企业为我国经济的发展做出了卓越的贡献，在处理油田与国家利益矛盾时，始终坚持局部利益服从全局利益，国家利益高于一切的原则，受到党中央的高度肯定和提倡。中华人民共和国成立以来，石油工业以高出国民经济近一倍的平均增长速度高速发展，创造了大量的财富，支援了国家经济建设。特别是三年困难时期和十年"文化大革命"时期，石油工人排除干扰，始终坚持生产，以忘我的劳动，保证了国民经济的急需。长期以来，我国石油企业在低油价状态下运行，所生产的原油一直是以远低于国际市场价格的计划价格输送给国家的。但是，石油战线的广大职工始终识大局，顾大体，宁可牺牲局部利益，也绝不少产 1 吨原油，年年超额完成国家计划下达的任务。可以说，石油企业为国家做出了无私的奉献。大庆油田自开发以来，连续 27 年保持了 5000 万吨的高产，创造了世界上同类油田开发史上的奇迹。胜利油田克服地质情况复杂和开发条件落后的种种困难，原油产量连续多年保持 3000 万吨以上。石油企业在各油田开发建设的过程中还相互支援，全力支持国家石油工业的发展。玉门油田作为我国石油工业的老基地，先后调出 78 000 名职工和 2000 多套设备支援兄弟油田的建设，而自己经历了多年的开采后，却步入了艰难的"二次创业"时期。但广大石油工人不畏困难，发扬创业精神，继续为国家寻找石油，开创石油企业发展的新局面。

2.2　　中国石油文化产生的背景

2.2.1　中国石油文化产生的背景

我国石油文化早已在我国石油工人开发建设油田的历程中存在，并且作为宝贵的精神财富代代传承。

石油文化产生于 20 世纪五六十年代。早在中华人民共和国成立前，1939 年初至 1949 年 9 月，作为中国石油工业摇篮的玉门油田共生产原油

50 万吨，1957 年 12 月，新中国宣布第一个石油工业基地在这里建成。伴随着玉门油田成长起来的还有我国的石油企业文化，当时具有代表意义的就是五种"玉门精神"，即：自力更生、艰苦奋斗的"一厘钱"精神；缺乏设备、自己制造的"穷捣鼓"精神；原材料不足、改制代用的"找米下锅"精神；人员不足、多做贡献的"小厂办大事"精神；修旧利废、挖潜改制的"再生产"精神。

中华人民共和国成立初期，克拉玛依油田是新中国发现的第一个油田，在那里，工人们创造了具有时代和地域特色的"扎根戈壁、艰苦创业"的石油企业文化。在此后进行的克拉玛依、柴达木、四川油田会战中，又形成了以顾全大局、艰苦奋斗、无私奉献为精髓的"柴达木精神"。

1959 年，在中华人民共和国成立 10 周年到来之际，黑龙江这片沃土献给祖国母亲一份大礼，我国迄今为止最大的油田——大庆油田喷油了。我国的石油企业文化也在这里得到了更好的发展和诠释，"大庆精神""铁人精神"在这里诞生并成长起来。以铁人精神为代表的大庆精神是传统石油文化的代表。从内涵上看，它一方面继承了早期石油开发者自力更生、艰苦奋斗和无私奉献的精神，另一方面又发展和完善了石油企业的"开拓与献身"精神，丰富了企业文化的内涵。传统石油企业文化基本是以大庆精神为核心确立的。大庆精神对我国石油工业的发展产生了深远影响，作为我国第一个独立发现和开发的大型油田，大庆油田的开发建成受到了党和国家的高度重视，对促进大庆精神的传播起到了推动作用。在大庆精神的鼓舞和指导下，我国培养出了一代富有"献身与开拓"精神的石油人，后来又先后开发建成了胜利、辽河、华北、大港等一系列大型油田。作为中华民族优秀文化的重要组成部分，大庆精神一直有力地促进着中国石油工业的发展。一代又一代的石油人在传承中不断地赋予石油企业文化时代感，使之与时俱进，永不落伍。

在我国石油工业开发建设的早期，由于特定的社会历史背景、会战式开发模式以及面临的当地社会环境和自然环境都十分相似，各油田在开发建设中都形成了自己的文化，培育形成了以"玉门精神""柴达木精神""大庆精神""三老四严"等为代表的企业精神和理念。可以说，传统的石油企业文化是一种统一的、整体的文化。

2.2.2　中国石油文化产生的条件

大庆油田创业、开发的特殊环境为大庆油田培育和建设企业文化创造

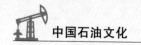

了条件。分析大庆油田企业文化建设的历史与现实，我们可以看到，特定的历史、地域和队伍条件是大庆油田企业文化形成与发展不可或缺的重要历史实践基础。

1. 时代条件

大庆石油会战是在"困难的时候、困难的地方、困难的条件下"展开的。20世纪50年代末期，石油工业严重制约国民经济发展的矛盾依然没有解决。而当时又正值国家遭受严重的自然灾害，会战地区既无房屋，又缺少交通工具，开发建设油田存在着资金、技术和员工生活等多方面的实际困难。在这样的历史条件下，能否通过自力更生，艰苦创业，科学地开发建设和管理好特大型油田，能否实现石油工业的加速发展是整个国家经济发展的关键，是一个举国关注的问题。油田勘探开发缺少条件，只有充分发挥人的主动性，"有条件要上，没有条件创造条件也要上"，才有可能获得大油田。面对特定的会战条件，以王进喜为代表的大庆石油工人充分认识到了这种时代要求，自觉体现和实践这种时代要求，时刻把自己从事的油田开发建设同祖国的振兴、民族的富强联系起来，他们不为名、不为利、不怕苦、不怕死，一心为会战，在长期的油田开发建设实践中形成了为国争光、为民族争气的爱国主义精神，独立自主、自力更生的艰苦创业精神，讲究科学、"三老四严"的求实精神，胸怀全局、为国分忧的奉献精神。从而为大会战的胜利奠定了思想基础，也对大庆油田企业文化的形成，产生了比其他一般企业初创时期深刻得多的影响，并在整个企业发展过程中得到继承。

2. 经济条件

中华人民共和国成立初期，摆在中国共产党人面前的是一个千疮百孔、一穷二白、百废待兴的破败摊子。1949年，全国石油产量只有12万吨，石油基本靠国外提供，国家经济建设所需要的石油产品基本依赖进口，全国需要原油1000多万吨，缺口达一半以上，连街上的公共汽车都因缺油而背上了煤气包甚至木炭（图2-6），各种物资更是极端匮乏。我国的石油工业基础非常薄弱，石油生产和加工能力都十分有限。天然石油的地质勘探能力严重匮乏，全国可使用的钻机只有3部，石油地质干部24人，钻井工程师10余人，采油工程师不到5人，对全国石油资源的分布情况极不清楚，已开发的玉门、延长等矿资源情况也未摸清，盲目开采。

油气资源分配很不均匀，天然石油主要集中在西北，天然气主要在四川，人造石油厂则集中在东北。东北的人造石油工业情况复杂，生产力低

图 2-6　背着煤气包行驶的公共汽车

下。而且东北的人造石油厂，多系日本在侵华战争时期，为了解决石油的迫切需要仓促而建，缺乏整体布局，有很大的盲目性，8 个人造石油厂，就有 6 种不同的生产方式，技术问题非常复杂。

全国仅有 86 万吨的炼油设备，但也遭到很大破坏，较完整的只有玉门油矿、抚顺一厂、锦西石油五厂等单位约 30 万吨的炼油能力。而当时国民经济恢复需要油，抗美援朝打仗需要油，防止国民党反攻大陆需要油，中国到了闻油思渴的境地。

3. 政治条件

回顾中国共产党光辉灿烂的历程，百万石油人感到无比骄傲和自豪。没有共产党就没有新中国，就没有中国石油工业的基业长青。从大漠戈壁到渤海之滨，从天府之国到茫茫草原，中国石油共产党员，用坚如磐石的政治信仰、苦干实干的拼搏精神、锐意改革的创业激情，奋斗在中国石油行业第一线。中国石油的发展，始终得到党中央、国务院的亲切关怀，凝结着党中央领导集体的巨大心血。20 世纪 50 年代，党中央做出石油勘探战略东移的重大决策，广大石油工作者满怀豪情从祖国的四面八方奔向广袤的松嫩平原，发现了大庆油田，甩掉了中国贫油落后的帽子，我国石油工业开启跨越式发展。特别是改革开放以来，中国石油积极响应国家"走出去"战略号召，加快建设综合性国际能源公司步伐，引领我国石油工业发展进入新的历史时期。历史雄辩地证明，中国石油始终把命运同党和国家的命运紧紧联系在一起；历史也充分地证明，只有坚持党的领导、加强

党的建设，中国石油才能克服艰难险阻，才能战胜挑战考验。

案例

1953 年，是中国第一个五年计划的头一年。这年年底，毛泽东主席、周恩来总理和其他中央领导同志把地质部部长李四光请到中南海，征询他对中国石油资源的看法。毛主席十分担心地说，要进行建设，石油是不可缺少的，天上飞的，地下跑的，没有石油都转不动啊！

李四光根据数十年来对地质力学的研究，从他所建立的构造体系，特别是新华夏构造体的观点，分析了中国的地质条件，陈述了他不同意"中国贫油"的论点，深信在中国辽阔的领域内，天然石油资源的蕴藏量应当是丰富的，关键是要抓紧做地质勘探工作。他指出，应当打开局限于西北一隅的勘探局面，在全国范围内广泛开展石油地质普查工作，找出几个希望大、面积广的可能含油地区。

4. 队伍构成

20 世纪 60 年代初期，4 万会战大军约有 3 万部队转业官兵和约 1 万多来自全国各地及各油田的人员；20 世纪 70 年代，大批来自全国各地的上山下乡知识青年经过大兴安岭等艰苦环境考验后加入到大庆油田的开发建设行列中；20 世纪 80 年代以来，大批毕业于全国各地院校的学生成为石油企业的职工。从中我们可以看到，油田职工队伍构成有以下特点：第一，会战初期的队伍主体和文化创造主体是部队转业官兵、是军队文化的代表，因而使石油企业文化具有很强的约束性和整合性。第二，石油企业职工来自五湖四海，是不同地域文化的代表，因而使石油企业文化具有高度的兼容性和开放性。民族融合的结果是创造更优秀的民族，而文化融合的结果就是创造更优秀的文化。石油会战的过程实质上是许多优秀文化因子和要素从不同地域传播到大庆等地区发生碰撞，进而实现一种文化大融合的过程，是一种新文化的诞生过程。

拓展阅读

1952 年 2 月，中央军委主席毛泽东亲自发布命令，中国人民解放军第 19 军第 57 师 7741 人，转为石油工程第一师（图 2-7）。命令指出："你们过去曾是久经锻炼的有高度组织性纪律性的战斗队，我相信你们将在生产战线上，成为有熟练技术的建设突击队。"随后，"石油师"官兵奔赴石油战线，成为当时石油工业的生力军。当时全国所有石油工人加在一起不到 1 万人，"石油师"为石油战线增加了近 8000 名钢铁战士。

图 2-7　石油师——永不磨灭的番号

5. 工人阶级的性质

工人阶级是马克思主义革命活动和革命斗争的主力，是最适合领导和推进革命运动的阶级。工人阶级是我国的领导阶级，工农联盟是我国的政权基础。工人阶级之所以成为国家的领导阶级，是由工人阶级的阶级性质和它肩负的历史使命所决定的。工农联盟是工人阶级和农民阶级的联盟，是我国的政权基础。以工农两个阶级的联盟为我国政权的基础，是由我国的基本国情决定的。工农联盟代表了我国人口的绝大多数，不但构成了人民民主专政的坚实基础，而且表明了人民民主专政政权充分的民主性和广泛的代表性。

6. 文化条件

艰苦奋斗是中华民族的传统。中华民族向来以特别能吃苦耐劳和勤俭持家、讲究节俭著称于世。艰苦奋斗也是我们党的一大优良传统。

这是一些很经典的话语："这困难，那困难，国家缺油是最大的困难！""宁可少活 20 年，拼命也要拿下大油田！""不干，半点马列主义都没有！""有条件要上，没有条件创造条件也要上！"这些"经典"，使王进喜成为那个时代上至国家领导人，下至千千万万个普通老百姓心目中的

英雄，那手扶刹把的英姿，至今看来依然很"酷"。这些"经典"，逐渐地凝聚升华成了一种"铁人精神"。

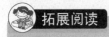

铁人精神

铁人精神是"爱国、创业、拼搏、求实、奉献"的大庆精神的典型化、人格化。其主要方面包括："为祖国分忧、为民族争气"的爱国主义精神；为"早日把中国石油落后的帽子甩到太平洋里去""宁可少活20年，拼命也要拿下大油田"的忘我拼搏精神；干事业"有条件要上，没有条件创造条件也要上"的艰苦奋斗精神；"要为油田负责一辈子""干工作要经得起子孙万代检查"，对工作精益求精，为革命"练一身硬功夫、真本事"的科学求实精神；不计名利，不计报酬，埋头苦干的"老黄牛"精神，等等。几十年来，铁人精神早已家喻户晓，深入人心，成为大庆人的共同理想信念和行为准则。铁人精神是对王进喜崇高思想、优秀品德的高度概括，是我国工人阶级精神风貌和中华民族传统美德的完美结合。

7. 地域条件

大庆地处北纬45度46分至46度55分、东经124度19分至125度12分之间，年平均气温3.4℃，冬季有很长时间最低气温在－30℃以下。尤其是在大庆油田开发建设初期，更是人烟稀少，自然条件恶劣。大庆油田（图2-8）是20世纪60年代至今，中国最大的油区，位于松辽平原中央部分，滨洲铁路横贯油田中部。其中大庆油田为大型背斜构造油藏，自北而南有喇嘛甸、萨尔图、杏树岗等高点。油层为中生代陆相白垩纪砂岩，深度900～1200米，中等渗透率。原油为石蜡基，具有含蜡量高（20%～30%），凝固点高（25～30℃），黏度高（地面黏度35），含硫低（在0.1%以下）的特点。原油比重为0.83～0.86。1959年，高台子油田钻出了第一口油井；1960年3月，大庆油田投入开发建设；1976年以来，年产原油一直在5000万吨以上，1983年产油5235万吨。大庆油区的发现和开发，证实了陆相地层能够生油并能形成大油田，从而丰富和发展了石油地质学理论，改变了中国石油工业的落后面貌，对中国工业发展产生了极大的影响。这种环境和条件，既给油田建设带来了困难和挑战，又锤炼了职工队伍战天斗地、攻坚克难的过硬作风。

图 2-8　大庆油田风貌

在这样的环境和条件下，英雄的石油工人产生了"北风当电扇，大雪是炒面，天南海北来会战，誓夺头号大油田！干！干！干！""任凭零下四十度，地冻几尺雪成山，石油工人无冬天"的豪迈诗情和战斗激情。

拓展阅读

克拉玛依油田

克拉玛依油田是于 1955 年发现的第一个大油田（图 2-9）。"克拉玛依"是维吾尔语"黑油"的译音，得名于克拉玛依油田发现地，现为

图 2-9　克拉玛依油田风貌

克拉玛依市区东角一座天然沥青丘——黑油山。克拉玛依油田基地位于克拉玛依市，克拉玛依市地处准噶尔盆地西北缘，位于东经84度42分，北纬45度36分，全市面积9500平方公里。荒漠油田地区气候干燥、降水极少、蒸发强烈，植被缺乏、物理风化强烈、风力作用强劲，其蒸发量超过降水量数倍乃至数十倍，是流沙、泥滩、戈壁分布的地区。

这种地域条件决定了当地的石油企业文化就是在克服各种艰难险阻的过程中形成和发展起来的，内在地就具有一种创造力，从而使石油企业文化始终具有蓬勃的生机与活力，生生不息。这种"困难面前有我们，我们手下无困难"的优秀文化品质和革命乐观主义精神，也成为石油企业开拓国内外市场的文化优势。

8. 国际条件

帝国主义的敌视、封锁与压迫。20世纪50年代初，由于社会主义阵营遭到以美国为首的西方国家的严密封锁和禁运，也由于中苏同盟的形成，从1950年7月起，中国在石油资源需求方面对外主要依靠苏联。苏联除在新疆地区同中国以"石油股份公司"形式合作开发石油资源并从西北地区向中国输入有限的汽油等石油制品外，伏尔加—乌拉尔地区、萨哈林地区及哈巴等地区生产和加工的石油制品经远东地区大量输往中国。

在1950年4月签署的《中苏贸易协定》的框架下，苏联按照协议向中国供应石油及石油制品，平均价格为每吨190卢布。朝鲜战争爆发以前，苏联输入中国的石油数量有限，1950年全年，苏联向中国输送的石油及石油制品总量约为17万吨。随着朝鲜战争的爆发，中国对石油的需求量也大幅上升，战争期间，中国方面就石油产品输入问题多次向苏联提出要求。1951年，苏联输入中国的石油及石油制品总量达到75万吨，到1952年全年达到了91万吨，1953年全年为103万吨，1954年下降到96万吨。

拓展阅读

20世纪50年代初，苏联向中国输送石油及石油制品的主要线路：

1. "赤塔—满洲里、滨海—绥芬河"过境铁路线

1950年起，苏联经铁路输往中国的石油量从1950年的14万吨增加到1951年的61万吨，到1952年达80万吨。

2. "黑龙江—松花江"两江联运线

受气候条件影响，两江联运具有明显的季节性，但由于相邻的地缘优势作用，两江联运仍为一条便捷的运输通道。在 1951 年（6—10 月），苏联通过该路线向中国输送了 6 万吨汽油；1953 年航运季节期间，约有 10 万吨石油和 2.5 万吨机用汽油通过该路线运抵中国；1954 年总量达到 15 万吨。

3. "符拉迪沃斯托克—大连"海运线

1949 和 1950 年，苏联分别由此海路分别将 3 万吨和 2.25 万吨原油运抵大连港至大连炼油厂；1951 年一共有 7.5 万吨石油产品经过海运运抵大连；1952 年减为 3.7 万吨，1953 年又上升到 11 万吨；朝鲜战争结束后的 1954 年只有 5 万吨经海运运抵中国。

新时代面临新使命，新使命召唤新作为。党的十九大明确要求培育和践行社会主义核心价值观，不断增强意识形态领域的主导权和话语权，推动中华优秀传统文化创造性转化、创新性发展。

增强文化软实力，就要践行"我为祖国献石油"的核心价值观，筑牢百万石油员工共同的思想基础。信息社会，价值多元，改革深入，必涉及利益调整，所以要充分发挥核心价值观的引领作用，全面落实意识形态工作责任制，不断增强主流意识形态的影响力、引导力、凝聚力。

增强文化软实力，要大力弘扬石油精神，重塑良好形象。石油精神是中国石油核心竞争力和独特文化优势的灵魂与根基。与半个世纪前相比，中国石油今天面临着不同的经济、社会环境，以及不一样的时代使命与任务。因此，要像开发油气一样挖掘石油精神的文化资源，赋予其新的时代内涵，激发新的内生动力，实现稳健发展，推动建立重塑形象的常态长效机制，让"忠诚担当、风清气正、守法合规、稳健和谐"的公司形象永葆青春。

增强文化软实力，要塑造高素质的企业家群体，做好梯队建设。核心价值观建设，其根本是人的思想建设。要厚植"对党忠诚、勇于创新、治企有方、兴企有为、清正廉洁"的成长土壤，树立正确的用人导向，狠抓队伍作风建设，筑牢铁人梯队的坚强基石，培养造就一支"对党忠诚、政治坚定、精通管理、善于经营"的石油企业家群体。

思考题

1. 什么是文化以及石油文化？
2. 中国石油文化产生的背景与条件有哪些？
3. 如何看待新时代背景下的中国石油文化？

在线测试题

不定项选择题（本题可以选择一个及一个以上的选项，请把答案填写在题后的括号内。）

1. 什么是文化？文化是世界上最富历史性、最多义的概念。下面关于文化的内涵，正确的有（　　）。

A. 从广义来说，是指人类社会历史实践过程中所创造的物质和精神财富的总和

B. 从狭义来说，是指社会的意识形态以及与之相适应的制度和组织结构

C. 文化作为一种历史现象，并不是随着社会物质生产的发展而发展

D. 文化，其实质就在于人和人的活动本身，即"人化"和"化人"

2. 什么是石油文化？下面正确的说法有（　　）。

A. 石油文化就是人类不断创造石油物质财富和精神财富的成果

B. 从时间维度来看，石油文化包括古代石油文化、近现代石油文化和当代石油文化

C. 从空间维度来看，石油文化包括中国石油文化和外国石油文化

D. 从存在方式来看，石油文化包括石油物质文化、石油精神文化、石油制度文化

3. 对于中国石油文化的内涵，下面说法正确的有（　　）。

A. 广义的中国石油文化，是指中国历史发展中形成的石油物质文化和精神文化的总和

B. 狭义的中国石油文化是指新中国成立以来，在中国石油工业发展过程中创造的物质文化和精神文化的成果

C. 大庆精神、铁人精神是石油文化的核心和灵魂

D. 中国石油文化就是指大庆精神和铁人精神

4. 任何文化的产生都有一定的背景，中国石油文化的产生也不例外。社会的经济结构和社会的组织制度状况制约着文化的产生和发展，

直接造成文化内涵和文化特质等方面的差异。中国石油文化产生的背景和条件有（　　　）。

A. 国内外环境是中国石油文化形成的时代背景

B. 经济条件是中国石油文化形成的物质基础

C. 政治条件是中国石油文化形成的价值取向

D. 地理环境是中国石油文化形成的物质环境

5. "文化""石油文化"与"中国石油文化"的关系包括（　　　）。

A. 中国石油文化是孤立于人类文化发展的特殊文化

B. 石油文化内在地包含了中国石油文化

C. 中国石油文化具有文化的一般特征

D. "文化""石油文化"与"中国石油文化"是相互独立的关系

第3章

中国石油文化发展的阶段与基本特征

学习目标

了解中国石油文化经历的萌芽、形成、曲折发展、迅速发展四个阶段；

理解中国石油文化具有的准军事的组织文化、融合的多元文化、特有的政治文化、独特的会战文化、典型的榜样文化、乐观的英雄主义文化和艰苦的创业文化等基本特征。

3.1 中国石油文化的发展阶段

案例

大庆精神、铁人精神是中国石油文化的核心，"三老四严"的工作作风是贯穿在中国石油工业发展过程中的良好传统。在中国进入思想大解放的新时期之前，大庆石油人坚持实践第一、坚持"两分法"的工作作风，无疑是一种清风。可以说，大庆石油人在重新确立解放思想、实事求是的思想路线方面走在了时代的前列。

一般而言，文化有广义和狭义之分。广义的石油文化包括器物层面的文化，如油田开发、建设，小到各种零部件、大到整套装置、厂房、油气田、油城等设施建设；制度层面的文化，如油田管理中的岗位责任制；精神层面的文化，即石油人共同秉持的信仰、价值观、人生理念。本章侧重于探讨狭义的石油文化。石油工业发展过程中形成的"玉门精神""克拉玛依精神""大庆精神""铁人精神"以及新时代的"石油精神"，是对中国石油文化的高度概括。中国石油文化既与中国优秀传统文化的内核高度统一，又随滚滚向前的时代潮流不断丰富发展。

石油文化依托石油工业的发展而形成。中国石油文化溯源于近现代百余年石油工业发展史，从延长到玉门，从克拉玛依到青海、大庆，从渤海湾到长庆，中国石油工业经历了从无到有、从萌芽到发展壮大的过程，中国石油文化也在这个过程中不断丰富、凝练和升华，并在不同历史时期表现出与特定社会背景、时代特色密切相关的特征。

新中国成立以来，中国石油工业经历了萌芽时期（1949—1952 年）、形成时期（1953—1965 年）、曲折发展时期（1966—1978 年）和迅速发展时期（1979—至今）四个阶段。

中国石油工业萌芽于河西走廊西部、古丝绸之路必经之地——玉门，"玉门精神"的形成标志着我国石油文化的萌芽；20 世纪五六十年代，随着中国石油工业的突破，中国石油文化的核心内容"大庆精神""铁人精神"逐渐形成；改革开放之后，经历曲折发展的中国石油工业焕发新的生机，中国石油文化在社会主义现代化建设的新时期进一步丰富和发展。中国石油文化的发展史，就是石油人在中国共产党领导下艰苦奋斗、无私奉献的创业史。

3.1.1　萌芽时期（1949—1952 年）：玉门精神

1. 新中国初期的工业形势

新中国成立之初，百废待兴。石油作为国民经济发展的关键性能源，是重要的战略物资和国家安全的重要依托。当时西方国家以禁运方式对我国实行经济封锁，而国内石油产量少之又少，因此，恢复和建设石油工业是事关国民经济和民族独立的头等大事。1949 年 10 月，中央燃料工业部成立。1950 年 4 月，燃料工业部召开了在中国石油工业发展历程中有重要意义的第一次全国石油工业会议，确定国民经济恢复时期石油工业的任务是：在三年内恢复已有的基础，发挥现有设备的效能，提高产量，有步骤、有重点地进行勘探与建设工作，以适应国防、交通、工业与民生的需要。

会议决定成立西北石油管理局。当时我国仅有的石油工业基础主要集中在西北地区，玉门是当时全国最大的油田，1949 年原油产量为 6.9 万吨，占当年全国产量的 98%，因此，石油工业的重点放了玉门。

新中国对石油的迫切需要

新中国成立之初，在原油生产方面，仅有甘肃玉门油田、陕西延长油田、新疆独山子油田在勉强维持。1949年，全国原油产量仅12万吨。在炼油方面，仅有西北地区的陕西延长油田和甘肃玉门炼油厂坚持生产；东北地区在新中国成立前有日本人开办的炼油厂，直到1949年尚未恢复生产。1949年年底，全国原油加工能力仅17万吨，石油产品品种只有12种，汽油、煤油、柴油、润滑油四大类产品产量仅3.5万吨，远远低于国家经济建设需要，国内消费的石油产品90%以上依赖进口。

此时，西方国家对中国采取"封锁、禁运"的措施，我国周边形势紧张。在这种情况下，既要稳定国内市场、恢复经济发展，又要面对这种对中国极为不利的世界形势和周边形势，新中国的用油形势十分严峻。

2. 玉门石油人的奉献与精神

1937年，全面抗战爆发。当时中国用油全部依赖"洋油"，随着抗战局势的紧迫，沿海地区相继沦陷后，"洋油"断绝，出现了"一滴石油一滴血"的严重危机，迫切需要在国内开发油田。孙健初、严爽等爱国知识分子在祁连山下、老君庙旁开始艰难创业（图3-1）。1939年玉门油田出油后，油田技术工人们又开始尝试炼油，在没有机器和设备的情况下，用人工建成的"间歇式炼炉"，炼出了汽油、柴油、煤油，生产了蜡烛。从1939年到1945年，玉门油田累计生产原油25万多吨，自炼汽油、煤油、柴油5万多吨。这些产品运到重庆，运到前线，既支援了抗战，又振奋了民心。1949年，中国人民解放军进军新疆，玉门油田提供了有力的燃料支持。新中国成立前十年，玉门油田历尽艰辛，但从未停产。不仅如此，玉门油田还培养和锻炼了一支石油队伍，从工程师到技术工，从地质勘探领域员工到辅助生产门类员工，从厂矿管理人员到普通员工。这支石油队伍中不乏共产党员，他们在玉门油田护矿、迎解放中起到了重要作用，为新中国保留了仅有的一点工业基础。

可以说，玉门油田自创建之始就具有了"红色基因"，它是抗战的产物，是国共合作的产物，并为西北解放，尤其是新疆的和平解放提供了重要援助。第一代涉足玉门油田的中国石油人无不具有拳拳爱国之心，寻找石油、开采石油，是近代中国第一代石油科学工作者的报国救民之举。

图 3-1　玉门油田——老君庙油矿

历经十年发展，至新中国成立之前，玉门油田是投入开发规模最大、产量最高的油田，也是当时全国仅有的具有现代生产技术装备的油田。从1939 年 1 号井出油到 1949 年，玉门油田共钻井 45 口，生产原油 51 万吨，约占 1904—1948 年 44 年间国内原油产量总和的 72.3%。

1949 年 9 月，玉门油田改换新颜。不久，西北解放军第一野战军司令员彭德怀来到玉门，高瞻远瞩地提出了玉门油田是新中国石油工业摇篮的期望，鼓励石油工人为新中国再做贡献。1950 年 8 月，玉门矿务局成立，结束了此前的军事管制。彭德怀任西北军政委员会主席时曾授予玉门油田锦旗："发扬英勇护厂精神，为祖国建设事业百倍努力。"玉门油田人秉持这种精神，投身于新中国石油工业。此时，朝鲜战火已经蔓延至鸭绿江边，国家对石油的需求更加迫切。1950 年 10 月，彭德怀率中国人民志愿军跨过鸭绿江，参加朝鲜战争。玉门石油人以"多打井，多出油"为己任，从 1950 年到 1952 年，玉门油田原油产量持续上升，3 年共产原油 37 万吨，是该油田自 1939—1949 年原油总产量的 73%。石油工人还积极捐款，数额几乎可以购买一架战斗机，相关部门将这架战斗机命名为"石油工人号"。

玉门油田创造了中国石油工业的很多"第一"，在石油技术上及理论上都有很大突破。在人才方面，玉门油田凝聚、锻炼了一批具有鲜明爱国情怀的石油知识分子。如果说新中国成立以前来到玉门油田的第一代石油知识分子是怀抱科学救国、实业救国的理想，那么新中国成立之后投身玉门油田建设的知识分子则是秉承满腔爱国热忱、怀揣石油报国理想。无论是有欧美留学背景的还是中国自己培养的石油人才，无论是领导者、管理者还是普通石油工人，他们都在开发、建设玉门油田的过程中迅速成长，成为石油史上的丰碑人物。1951年，新中国第一位石油劳模郭孟和从玉门油田脱颖而出，他开创了中国冬季钻井先河，被誉为祁连山下的"冬青树"，也就是后来大庆油田上著名的"铁人"王进喜的师傅。王进喜在玉门苦干十年后参加大庆油田建设，是从玉门走出的"铁人"，是玉门艰难创业史的延续。

新中国石油工作的开拓者和领导者，对玉门油田有重要贡献的康世恩曾经在《老油田大有文章可做》一文中总结玉门油田经验时提出，"取得这些成绩靠的是什么呢？"他认为，其一，是艰苦奋斗的精神；其二，是老老实实的科研态度和行之有效的稳产措施。玉门油田的发展与各级党组织注重对职工进行艰苦奋斗优良传统教育，注重思想政治工作分不开。康世恩还总结了在实践中形成的玉门"五种精神"即"一厘钱""穷捣鼓""找米下锅""小厂办大事""再生厂"。玉门石油人在资金、材料、设备匮乏的年代，收废品、凑设备、搞安装，变废为宝，以产油、炼油为第一要务，克服了一个又一个困难，开创了石油工业史上一个又一个奇迹，成为石油工业的骄傲。

玉门油田不仅历尽艰辛发展自己，而且慷慨无私支援别人。在新中国石油工业的艰难发展历程中，他们喊出"先支援别人，后发展自己"的口号，充分发挥了"三大四出"的作用，形成了享誉石油行业的"玉门风格"，不愧为新中国石油工业的摇篮。以艰苦奋斗、无私奉献为核心的"玉门精神""玉门风格"是石油人创造的精神财富，为大庆精神、铁人精神的形成提供了丰厚的历史底蕴，激励着石油人不惧困难、奋勇向前。

拓展阅读

"三大四出"

玉门油田是新中国"一五计划"156个重点项目之一，到1957年，玉门油田共产原油223万吨，建成了集勘探、钻井、采油、炼油、机械、科研于一体的门类齐全的新中国第一个石油工业基地，并在油田开发、建设、管理等方面摸索和积累经验，具备了支援其他油田的条件和基础。

1949 年 10 月，彭德怀来到玉门油田，高瞻远瞩，提出了建设新中国石油工业摇篮的殷切希望。1958 年，石油工业部部长余秋里提出玉门油田要发挥"三大四出"的作用，将其建成"大学校、大试验田、大研究所"来"出产品、出经验、出技术、出人才"。

在新中国石油工业发展史上，先后有十万多玉门石油人、四千多台（套）设备支援其他油田、炼厂，所有新油田的开发建设几乎都有玉门人的支持，对克拉玛依、大庆、长庆、吐哈四个油田的支援人数均在万人以上。人手不够，但仍坚持"人走精神在，人减干劲增"的精神；设备紧缺，就找出路，"调走旧的造新的，调走洋的造土的"。1972 年 12 月 5 日《人民日报》以"玉门风格"为题，对玉门油田慷慨无私支援别人、历尽艰辛发展自己的事迹进行了专题报道。

"王（进喜）、马（德仁）、段（兴枝）、薛（国邦）出玉门，铁人铸成石油魂，决心甩掉落后帽，誓为祖国献石油。"从玉门走出的石油工人成为行业标杆、模范。一时间，全国新油田的主要领导、工程师、地质师、劳动模范几乎都来自玉门。从玉门油田锻炼成长起来的两院院士有翁文波、童宪章、李德生、田在艺、刘广志、翟光明；其他石油及相关领域的专家如孙健初、卞美年、陈贲、王尚文、金开英等 72 余人。玉门油田不仅担当了"三大四出"的历史重任，而且充分发挥了"三大四出"的奉献精神。

1955 年，数千名玉门石油工人挺进柴达木；1956 年，成建制的队伍西出阳关，会战克拉玛依；1958 年，3000 多名职工，东渡黄河，穿越蜀道，参加四川会战；1960 年，以王进喜为代表的数万玉门石油工人，支援松辽盆地会战。此后，从黄河之滨的胜利油田到中原大地的华北油田、中原油田，从万里黄土高原的长庆油田到戈壁滩上的吐哈油田，到处都有玉门石油工人的身影。

3.1.2　我国石油工业的形成时期（1953—1965 年）：大庆精神、铁人精神

1. 石油工业的迅速发展

经过三年国民经济恢复时期，石油工业得到了迅速发展。到 1952 年年底，全国原油产量达 43.5 万吨，是 1949 年的 3.6 倍；生产汽、煤、柴、润四大类油品 25.9 万吨，比 1949 年增长了 6 倍。1953 年，进入发展国民经济的第一个五年计划时期，但石油工业仍相对薄弱，1952 年的石油产品

仅能满足国内需要的 25%，石油工业仍需极大发展。为全面加强石油工业的生产建设，1955 年，国家成立石油工业部。

现代石油工业的发展必须勘探先行，"一五计划"将石油资源勘探放在重要位置上，但"一五计划"前三年的勘探工作成效并不大。1955 年 10 月 30 日，新疆克拉玛依一号井喷出工业油气流，实现了新中国石油勘探的第一个重大突破。1956 年年初，康世恩借鉴苏联经验，建议石油工业部调整勘探工作思路和方法，"撒大网捞大鱼"，在准噶尔盆地西北缘勘探发现了克拉玛依大油田，为当年国庆献上厚礼。克拉玛依油田是新中国成立后开发建设的第一个大油田。自此，新疆油田开发进入大发展时期。

1957 年，"一五计划"结束时，石油工业虽有重大突破，但石油部是各工业部门中唯一没有完成任务的。石油部门面临巨大压力。石油工业与国民经济发展仍有较大差距；石油工业布局极不合理，已发现的油田都集中在偏远、落后的西北地区，而在需求量较大的东部地区，除了东北能生产部分人造油之外，尚无油田。要从根本上改变石油工业的严峻形势，寻找和开发大油田仍是燃眉之急。

1958 年，在地质勘探实践及中国地质理论研究的基础上，石油科学工作者在理论上否定了外国专家认为"中国贫油"的观点。据此，分管石油工作的领导建议，在继续集中力量开展西北、四川等地勘探工作的同时，加强对东部地区的勘探，于是中国石油勘探开始战略东移。

很快，1959 年 9 月 26 日，在中华人民共和国成立十周年大庆前夕，在位于东北地区松辽盆地大同镇的松基 3 井发现工业油流。中国石油工业发展史上具有里程碑意义的大庆油田由此诞生，这是中国独立自主开发东部石油资源的开端。

从 1953 年到 1959 年，石油工作者发现了 31 个油田，12 个气田，初步形成了玉门、新疆、青海、四川这四个石油、天然气生产基地。这一时期，我国原油生产能力大幅度增长，1959 年，全国原油产量 373.3 万吨，但国内石油产品只能自给 40%。在这种严峻的形势下，1959 年 11 月，石油工业部决定抓住重点，以集中优势兵力打歼灭战的形式全力展开大庆油田的勘探和开发。1960 年 5 月，富有特色的石油"会战"在松辽地区拉开帷幕。

大庆石油会战历时三年半，石油工业部领导与以"铁人"为代表的广大职工及科技工作者共同克服特殊条件下的特殊困难，勇于探索和实践，取得了丰硕的成果。探明含油面积达 800 多平方公里、地质储量 22.6 亿吨。1963 年 12 月 4 日，新华社及《人民日报》相继正式对外公布，中国所需石油基本自给，中国甩掉了贫油的帽子。这极大地鼓舞了全国人民的民族自信心。大庆成为工业界的标杆、旗帜。大庆油田的开发不仅从根本上改变了中国石油工业落后的面貌及不合理的布局，推动了中国人自己的石油地质理论及勘探开发技术的发展，而且创造了石油行业的精神瑰宝——大庆精神和铁人精神，它激励着石油人迎难而上，再创佳绩。

胜利油田的开发建设是这一时期石油工业的又一重大成就。1961 年 4 月 16 日，华北地区勘探队伍在山东垦利县东营钻探第 8 口探井时（后被称为"华八井"），获得日产 8.1 吨的工业油流，是华北油区的第一口发现井，标志着胜利油田的发现，奏响了华北平原石油大规模勘探开发的序曲。1962 年 9 月 23 日，在东营钻探的营 2 井，获日产 555 吨的高产油流，这是当时我国日产原油量最高的一口井，胜利油田又称为"九二三"厂，即由此而来。1964 年，石油工业部组织华北石油会战，相继开发建设了渤海湾地区胜利、大港油田。继发现大庆油田之后，中国东部油藏前景良好。

随着原油产量的增长，急需发展炼油工业。1960 年，苏联撤走在华专家，中国的石油科技工作者在经验有限的条件下，依靠自主研发，攻克了炼油技术难题，冲破了制约石油开采的桎梏，推动了中国石油工业的发展。到 1965 年年底，年实际加工原油 1083 万吨，汽、煤、柴、润四大类产品达到 617 吨，石油产品种类达到 494 种，保证了国家军用油及民用油的品种和数量，为国防及国民经济的发展做出了重大贡献。

2. 大庆精神、铁人精神

大庆精神产生于 20 世纪 60 年代初举世闻名的大庆石油会战，历经几代党和国家领导人的总结和凝练，大庆精神可以概括为：为国争光、为民族争气的爱国主义精神；独立自主、自力更生的艰苦创业精神；讲求科学、"三老四严"的科学求实精神；胸怀全局、为国分忧的奉献精神。概括地说，就是"爱国、创业、求实、奉献"。

大庆石油会战是大庆精神产生的最重要载体。大庆精神之所以产生，与大庆石油会战的种种特殊条件有密切关系；大庆精神之所以能在石油行业中独树一帜、历久不衰，与石油行业本身的特点密切相关。石油工业最初都是野外作业，地处偏远，面临的是看不见、摸不着、地处深处、环境复杂的工作对象，需要艰苦奋斗的精神，需要实事求是的精神，更需要创新的精神。因此，要深刻理解大庆精神的内涵，把握大庆精神的实质，需要结合大庆会战本身的特点及其在中国石油工业发展进程中的地位和作用进行整体认识。

大庆会战前期的地质理论研究及勘探实践，体现了强烈的探索精神和民族主义特点。茫茫大地，何处找油？石油工业发展一定是地质、勘探工作先行的。早在日本侵占东北时期，石油工作者就开始在辽宁阜新和内蒙古呼伦湖畔进行了石油地质调查，并尝试进行钻孔勘探，认为东北找油希望不大。20世纪50年代初，经过研究和比较，李四光、谢家荣等地质学家对中国东部沉积盆地的含油前景比较乐观。从1955年开始，地质部和石油部都着手在东部松辽盆地和华北平原展开勘探。石油行业先驱对已有结论和认识不迷信、不盲从，不为虚、只为实，坚持从现象到本质，从实践到认识的客观规律，实现了对本国资源从未知到已知的过程。这种认知是发现大庆油田的重要前提。它体现了石油科学工作者强烈的民族自尊心、自信心，这种自信不是盲目的自大，而是建立在艰苦的地质、勘探工作基础之上，它体现的是石油人自立、自强的创业精神。

大庆会战前期的部署工作体现了整体布局、重点突破的科学管理精神，是石油人将政治任务与科学精神和谐统一的典范。东部找油，是关系国民经济发展的战略任务，是中央领导的殷切希望，更是一项需要用科学精神去完成的政治任务。1959年年底，余秋里在一次会议上再次强调了石油工业要集中力量抓重点、抓具有全局性的关键点，迎难而上，才能取得决定性胜利。这种工作思路是大庆会战胜利的重要基础。石油部联合地质部、中科院，集中全国最好的设备、人力，发扬全国"一盘棋"的协作精神，于1959年在松辽盆地展开勘探。从理论和技术上而言，松辽盆地是中国石油工业史上第一次采取以盆地为整体的勘探部署，进行了在广泛的覆盖区开展的综合勘探，为准确选择钻井目标位置提供了重要依据。从松辽盆地打第一口基准井到找到高油量的松基3井，仅用时一年零两个月，这是中国油气勘探史上的奇迹，也是决策者、管理者、科技工作者和广大石油职工团结合作的范例。

大庆会战是在总结克拉玛依油田、川中石油会战成功与挫折的基础上展开的，更加注重求实的科学精神。1956年，石油部调整工作思路，将新疆准噶尔盆地的石油勘探重点从小盆地移向大盆地，实行全面的区域勘探，进而发现了克拉玛依大油田。在川中油田和松辽盆地的勘探中，都沿用了这种勘探思路。1958年，在"大跃进"形势下，石油勘探工作出现急于求成、忽视科学性原则的倾向。1958年至1959年间的川中石油会战中出现了多处钻井出油，但试油不出油的奇怪现象。李德生等少数地质科技人员认为川中属于裂缝油气藏,但在"大跃进"风潮中,在要完成在四川找油气的政治任务下,在没有完全从地质构造上弄清川中裂缝分布规律的情况下,川中会战仍持续到1959年4月。这一次,石油人交了昂贵的"学费"。这次会战使石油工作者进一步认识到地质工作的复杂性,认识到全面系统掌握第一手资料的重要性,也从思想上真正体会到一切从实践出发,实事求是的重要性。对此,余秋里进行了精辟的总结:一口井喷油,不等于发现了一个油田;一口井高产,不等于一个区块都高产。这是从实践中得到的真知灼见,大庆会战就充分借鉴了这些宝贵的经验教训。1959年松辽盆地松基3井的发现是在充分的资料收集、理论论证的基础上才最终选定井位的。此前,松基1井、2井并未发现大量油气,当松基3井出现井喷的时候,余秋里清醒地指出一系列尖锐的问题:究竟这个油田是大油田还是小油田?是活油田还是死油田?是好油田还是坏油田?开发大庆油田的决策者和科技工作者并没有被一时的胜利冲昏头脑,几个月前川中石油会战失败的情形仍历历在目。他们继续反复研究地质资料,科学部署下一步钻探计划,弄清楚油田边界和大体规模,为1960年全面上马的大庆油田会战做了最扎实、最充足的准备工作。大庆精神中"三老四严""四个一样"等特质就是这种严谨、科学工作作风的突出表现。

大庆会战是在缺少国际技术支持,又面临国内经济严重困境的历史条件下展开的,自力更生、艰苦创业成为时代赋予大庆石油人的责任。1960年,苏联撤走在华专家,国际上对中国的经济封锁依然存在,中国的石油工业断绝了外援。1959—1961年,"大跃进"之后的中国面临严重经济困难,国家拿不出足够的资金支持。对于在大庆会战的石油人而言,他们只能自力更生、艰苦创业。自力更生、艰苦创业就是石油人爱国的具体行动,就是石油人最大的奉献。大庆会战中形成的艰苦奋斗的"六个传家宝"是在最艰难历史时期体现出来的石油人最朴质无华的创业情怀。

大庆会战中,石油人靠自力更生、艰苦奋斗,克服生产、生活上的困难,可是,思想上的矛盾、分歧如何解决?靠什么把来自天南海北的会战大军拧成一股绳,汇成一股劲,干成一件事?又如何扭转"大跃进"以来还残留着的主观主义,以及一些浮夸、粗放、松懈的工作作风?这些虽然看起来事小,但这在石油生产第一线却足以酿成大祸。1960年4月,会战一开始,大庆石油会战党委发布的第一个决定就是《关于学习毛泽东同志所著〈实践论〉和〈矛盾论〉的决定》,明确要求用"两论"的立场、观点、方法来指导会战的全部工作。生产伊始,把学习马克思主义放在首位，用马克思主义的方法论武装头脑、指导实践，这在石油行业中是开创先河之举，堪称模范。这种学习堪称真学真用，活学活用，是大庆石油人在开展技术革命、生产革命之前的思想革命。这是一场在石油前线阵地进行的全员思想政治教育，这种教育将石油人的个人命运与国家命运联系起来，将个人利益与国家利益联系起来，它延续的是解放军思想政治工作的优良传统，是会战大军的精神食粮。

"铁人"是20世纪五六十年代社会送给石油工人王进喜的雅号，铁人精神是对王进喜崇高思想、优秀品德的高度概括，集中体现出我国石油工人的精神风貌，是大庆精神的人格化符号。铁人精神内涵丰富，主要包括：为国分忧、为民族争气的爱国主义精神；"宁可少活20年，拼命也要拿下大油田"的忘我拼搏精神；"有条件要上，没有条件创造条件也要上"的艰苦奋斗精神；"干工作要经得起子孙万代检查，为革命练一身硬功夫、真本事"的科学求实精神；甘愿为党和人民当一辈子老黄牛的奉献精神等。这种精神无论在过去、现在和将来都有着不朽的价值和永恒的生命力。

拓展阅读

大庆精神之"二三四五六"

自1964年《人民日报》刊发"大庆精神大庆人"首倡"大庆精神"，至今已有半个多世纪。在这半个多世纪的时间里，中国石油工业发生了翻天覆地的变化，然而大庆精神却历久弥新、常提常新，成为石油行业精神乃至中华民族精神的重要组成部分。王安石曾感叹，"丹青难写是精神"。如何把握大庆精神？精神是内在的、抽象的；精神又是外在的、具体的。精神是一种风貌，这种风貌总是通过具体的人、事、物表现出来的。爱国、创业、求实、奉献的大庆精神就体现在对待工作、生活中看似平常的细枝末节之中。

"两论起家""两分法"体现的是辩证唯物主义立场；"三老四严""四个一样"体现的是工作作风；"三要十不"体现的是行业规范和爱国情怀；"两抓法""四勤四看"体现的是特色思想政治工作；艰苦奋斗的"六个传家宝"则是石油人因陋就简，先国家后个人，先生产后生活的创业秘籍。因此，把握大庆精神，需要回到大庆会战的历史现场去体会创业的艰辛、爱国的情怀，唯有如此，才能真正做到传承大庆精神、发扬大庆精神。

"两论起家"：1960年4月10日，大庆会战党委号召广大职工学习毛泽东的《实践论》《矛盾论》，在石油行业明确倡导用马克思主义科学的世界观、方法论指导实践。大庆会战成效巨大，1964年1月，余秋里应邀向毛泽东汇报工作，强调了学"两论"是大会战的首要经验。

　　"两分法"：1月25日，《人民日报》以一版头条通栏刊出毛泽东的号召："工业学大庆"。大庆油田部分领导和职工出现自满情绪，生产受到影响。会战党组织及时发动油田各级领导、职工展开自查，查工作、查思想、查问题，找缺点、找差距，号召用"两分法"辩证地看待、分析问题。此后，大庆人自豪地说，"我们靠'两论'起家，又靠'两分法'前进。"

　　"三老四严""四个一样"："三老"是指当老实人，说老实话，办老实事；"四严"是指严格的要求、严密的组织、严肃的态度、严明的纪律；"四个一样"是指黑夜和白天干工作一个样，坏天气和好天气干工作一个样，领导不在场和领导在场干工作一个样，没有人检查和有人检查干工作一个样。

　　1962年，大庆油田开始推行岗位责任制，以使负荷越来越大的油田管理工作趋于规范，生产秩序更加严格，办事更加高效。其中，辛玉和担任队长的三矿四队和李天照井组是当时的两个优秀典型。采油工人往往单兵作战，如果没有老实的态度、严格的要求，是管不好油井的。三矿四队以"严细"著称，该队曾发生过一个年轻徒工操作失误却隐瞒不报的事情，队长以此事为例在全队开展思想工作，加强队员的岗位责任意识。李天照井组虽工作在油田边缘，但该井管理规范，安全生产，月月超额完成任务，其经验就是"四个一样"。

　　1964年5月，在石油部第一次政治工作会议上，以这两个先进典型事例为基础，提炼总结出"三老四严"。1966年5月，石油工业部委员会专门发文指示继续坚持"三老四严"作风。

　　这种严字当头、贵在坚持的风范，源自解放军政治工作经验，尤其是借鉴了"三大纪律八项注意"的优良传统。这种形成于会战时期的"严""实"风格与中国共产党实事求是的思想路线是高度一致的，与新时代"三严三实"教育、社会主义核心价值观高度契合，至今仍闪耀着时代光芒。

"三要十不"："三要"：要甩掉我国石油落后的帽子；要高速度、高水平地拿下大油田；要赶超世界先进水平，为国争光。"十不"：不怕苦、不怕死、不为名、不为利、不计较工作条件好坏、不计较工作时间长短、不计较报酬多少、不分职务高低、不讲分内分外、不分前方后方，一心为会战，一心为革命。

"两抓法""四勤四看"：1960年，会战伊始，大庆油田思想政治工作先行。5月，康世恩在向石油工业部的汇报中提出大庆人高水平拿下大油田，这个"高水平"指的是政治思想、群众运动、领导工作、技术工作的统一体，绝不仅仅指单纯的业务水平；油田基层领导既不能做"空头政治家"，也不能只做"盲目的事务家"。这里已经充分显示了大庆会战中将经济工作与政治工作紧密结合的思路。1964年，石油工业部政治部总结经验，将这些具体做法概括为"抓生产从思想入手，抓思想从生产出发"。

在具体做法上，充分重视基层工作，及时了解掌握基层职工思想状况，将工作做到深处，落到细处，这就是"四勤四看"：勤观察、勤摸底、勤谈心、勤开调查会；工作看干劲、走路看精神、吃饭看饭量、睡觉看翻身。这种思想政治工作行业特色鲜明，是会战胜利的重要保障，也成为大庆油田政治工作的宝贵经验。

"六个传家宝"：大庆会战历时三年半，条件极端艰苦，会战职工充分发挥"有条件要上，没有条件创造条件也要上"的主观能动性，形成了被誉为艰苦创业的"六个传家宝"。这"六个传家宝"体现在生产与生活的方方面面。

在生产方面，有以王进喜为典型代表的"人拉肩扛"精神。为了能在最短的时间内展开钻井工作，王进喜等人用人力将各种机器设备运到井场；输水管线没有安装好，就人工端水，用最快的时间打出了第一井。

"铁人回收队"是王进喜首次组织起来的。他们将施工场地的螺丝钉、废钢铁收集回来，作为自制及修复机器的备用材料，不仅节约了国家财产，而且还提供了大量的应急维修材料。"回收队"的做法在油田广为提倡，并成为油田物资管理的重要内容。"修旧利废"指的是厉行节约、勤俭办厂的精神，它不仅仅是艰苦奋斗作风的体现，也是油田职工高度主人翁责任意识的体现。

在生活方面，以王进喜为代表的第一批到达大庆油田的职工居住条件十分困难，寒冬来临，生产建设的任务十分紧迫，居住问题同样迫在眉睫。会战领导机关充分发动群众，在保证生产的前提下，抽出有限的人员、时间，挖土打夯，赶建"地窝子""干打垒"。"缝补厂""五把铁锹闹革命"则代表了职工家属们积极支持油田工作的风貌，继承的是"自己动手、丰衣足食"的延安品格。

铁人：怎么样才算艰苦奋斗

铁人精神，如雷贯耳，传唱至今。身处新时代，我们该如何发扬铁人精神？以下内容摘取 1966 年铁人在全国工业交通工作会议和全国工业交通政治工作扩大会议上的发言片段，重温铁人的战斗豪情。有趣的是，铁人的发言稿经康世恩等人反复推敲完成，铁人在做报告时，引起巨大反响，掌声不断。铁人自己也很兴奋，一起鼓掌，但一鼓掌就找不到自己念稿念到哪里了，索性脱稿即兴发言。这种即兴的发言更真实地反映了铁人的思想境界，更具有强大的感染力，今天读来仍不乏启发意义。

"我认为怕不怕艰苦奋斗，是革命不革命的问题，如果不艰苦奋斗，就要贪图享受，就要变质。打几个漂亮仗是不难的，要是做一辈子艰苦的事情，就要不断学习毛主席著作，不断改造自己才能办到。……怎么样才算艰苦奋斗？以前认为共产党吃苦在前，享受在后，多干活，少睡觉，就是艰苦奋斗。……多干活，少睡觉，这是低标准的艰苦奋斗。为革命担更重的担子，能在最复杂的环境里做艰苦工作，能在最困难的时候顶上去，能在最危险的情况下不怕牺牲，能做别人不愿干、不敢干的革命工作（才是真正的艰苦奋斗）。……艰苦奋斗是党的性质决定的，为了实现共产主义，就要艰苦奋斗一辈子。更主要的是教育青年要艰苦奋斗，把党的光荣传统世世代代传下去。"

3.1.3　我国石油工业的曲折发展时期（1966—1978 年）：石油人的奋战

"文革"期间，石油工业受到很大的干扰和冲击，但油田职工战胜各种困难，石油勘探、开发并未停止，不仅如此，这期间的石油会战硕果累累，海上石油勘探开发也开始起步，充分体现了我国石油职工队伍强大的凝聚力和战斗力。

1973 年 3 月，大庆油田打响喇嘛甸油田会战。时任石油工业部部长的宋振明在前线调研时提出，"大干没有错，大干有理；大干没有罪，大干有功。不干，半点马列主义都没有；不干，才是最大的错误"。后经整理完善，他提出了"大干社会主义有理！大干社会主义有功！大干社会主义光荣！大干了还要大干！"的口号。"四个大干"带有典型的时代特色，反映了石油工人的远大情怀和豪情壮志。1975 年，喇嘛甸油田全面投入生产。至此，大庆油田主力生产油田全部投入开发。1976 年，喇嘛甸油田年产原油 1300 万吨，为大庆油田年产原油突破 5000 万吨做出了重要贡献，是全国原油年产量超过 1 亿吨的主要支柱。

到了 1978 年，山东胜利、天津大港、新疆克拉玛依、吉林等四个大油田的原油产量总量比 1966 年增长 9 倍多。四川油气田的开发也有很大成效，1965—1978 年，四川发现油田 2 个，气田 30 个，天然气产量比 1965 年增加近 6 倍。另外，在江汉平原、河南南阳盆地、鄂尔多斯盆地南部、苏北等地也都发现了新油田。

1957 年，中国海上石油勘探在南海开始，但受 20 世纪 60 年代越南战争的影响一度停止，直到 1973 年重新恢复。20 世纪六七十年代，渤海湾地区海上石油勘探发展较快。1978 年，海上石油勘探局在天津塘沽成立。到 1979 年，渤海湾地区发现 9 个含油构造、3 个海上油田，19 口井开始试采。此外，在黄海、东海、珠江口等海域都有积极成果。这些工作为中国海洋石油工业的发展奠定了良好的基础。

1981 年 7 月，时任国务院副总理、分管经济工作的姚依林在中央党校的一次讲话中明确指出，假如没有"文革"时期石油工业的发展，"文革"的经济形势会严重得多；在"文革"结束后的 1978 年、1979 年，我国仍然是在依靠石油的支持在发展。在国家动荡的年月里，石油工业起到了顶梁柱的作用，石油人坚守着找油、产油的信念，为国家、民族做出了巨大贡献。

"文革"时期的系列石油会战

正当石油工业全面铺开发展的时候，"文革"开始了，石油工业面临巨大困境：产量降低、事故不断，但此时国家和社会对原油的迫切需要却丝毫没有减少。为此，党中央和国务院做出了一系列开发油田的部署。"文革"时期的油田会战成效显著，是石油工人苦干实干精神的延续，为后来中国石油工业的发展奠定了基础。"文革"期间，重要的石油会战先后有：

1969 年 6 月，江汉石油会战展开。

1970 年 3 月，辽河石油勘探指挥部，即"三二二厂"成立。

1970 年年初，石油工业部和吉林省决定展开吉林扶余油田会战。

1970 年 11 月，由各地油田职工、解放军指战员、复转军人组成的 5 万多人"跑步上陇东"，长庆油田会战开始。

1972 年 5 月，河南石油会战展开。

1972 年 10 月，大庆喇嘛甸油田会战开始。

1975 年 4 月，江苏石油会战开始，发现了曹庄油田和刘庄气田。

1975 年 7 月，位于河北任丘的任 4 井获千吨级工业油流，开辟了在古潜山找油气的新领域，创新了油藏地质理论，是石油勘探史上的又一里程碑。1976 年 2 月，华北石油会战指挥部成立。

1975 年 10 月，东濮石油会战开始，奠定了此后中原油田的基础。

3.1.4　我国石油工业迅速发展时期（1979 年至今）：石油精神

党的十一届三中全会召开，拉开了改革开放的序幕，也鼓舞了石油战线的职工和干部，我国石油工业进入了一个迅速发展的新时期。随着石油开发技术的革新，老油田开发潜力增大。1986 年，党中央、国务院做出石油工业"稳定东部、发展西部"的战略决策。同样在 1986 年，在中国西部被认为是"死亡之海""勘探禁区"的塔里木盆地，轮南 1 井、2 井油气资源勘探取得巨大突破。1989 年 4 月，塔里木石油会战打响；至 1994 年，塔里木盆地先后发现五个油气田，成为仅次于四川、鄂尔多斯的中国陆上第三大含气盆地。塔里木油田优质的天然气资源促成并加快了我国西气东输工程的建设，已建成 2500 万吨级的油气生产基地，是国内第四大油气田。

1993 年，面对新的国内外形势，党中央、国务院提出要实施"走出去"的发展战略，要"充分利用国内外两种资源、两个市场"，发展中国石油工业。1994 年，中国石油天然气总公司成立国际勘探开发合作局，标志着中国石油行业的国际合作进入新的发展阶段。从此，越来越多的中国石油人走出国门，进入宽广无边的国际市场。海外业务创业艰辛，中国石油海外业务开拓者们继承大庆精神、铁人精神，在异国他乡，面对新环境、新领域、新情况，人抬肩扛的精神被赋予新的时代内涵；学外语，练技术，按照国际规范标准管理，大庆精神、铁人精神在继承中创新，在创新中发展，推动着国际业务经营规模快速扩大，经营领域不断拓展，竞争力显著增强。目前，中国石油海外油气投资业务遍及五大洲几十个国家。在资源风险勘探、油气合作开发、炼厂和储运项目建设、技术服务市场开拓等方面取得令人振奋的成绩，初步建成"五大油气合作区""四大油气战略通道"和"三大油气运营中心"，实现了国际化经营的跨越式发展。

精神是一种狭义层面的文化，它是一种比物质文化、制度文化更高层面的文化。精神文化具有历时性、动态化的特点，是一种活体，有它自身的发展轨迹。在人类实践活动的延展中，精神文化也在不断丰富和发展。

清代学者袁枚说，"魂在，则其人也；魂去，则非其人也。"石油精神是石油文化的灵魂和主线。石油文化的"魂"体现的是一种信仰、一种价值，是石油人将自己的个人价值追求与国家、民族利益的紧密结合。不同历史时期的石油人与不同历史时期的石油工业之间有着强烈的时代关联性，这种时代关联性与中国优秀的传统文化有机统一，并且代际传承、不断创新，构成了中国石油文化的丰富内涵。

中国海陆辽阔，地形多样，石油工业发展过程孕育了富有地域特色、极具时代感的精神文化。例如，玉门精神、克拉玛依精神、大庆精神、铁人精神、胜利精神、柴达木精神……它们的形成就是中国的石油工业从无到有，石油人从少到多的过程。在这个过程中，石油人的足迹自西向东，由南而北；石油人的生活、工作环境也在地处"天涯海角"的戈壁、荒原、草原、沙漠、海洋这些人迹罕至的地方中转换。在中国石油工业艰难创业、曲折发展的时期，与石油工人相伴的似乎总是荒凉、寂寞、艰苦。石油人蜗居牛羊马圈棚，啃吃草籽地瓜面，喝浑浊咸涩池塘雨水，石油大军条件虽苦但斗志高，逢山开路、遇水架桥、抢修井场、人抬肩扛、搬迁安装钻机，大型油田、炼厂在中国悄然崛起，石油精神之花绽放在大江南北。

随着石油工业的发展，这些极具地域、时代感的精神还相继成为石油行业中独具特色的企业文化的典型符号，形成具有强大凝聚力和感召力的精神力量。尽管如此，它们之间仍有着密切的逻辑关系，这里面有传承、有发展、有创新；它们还有着共同的精神内核，这就是"苦干实干""三老四严"。从更广义的角度而言，石油精神更传承了中华民族吃苦耐劳、勤劳勇敢的传统美德，传承了中国共产党开辟革命新道路的井冈山精神，传承了中国共产党独立自主解决中国革命问题的长征精神，传承了中国共产党坚持正确的政治方向，实现马克思主义中国化的延安精神，是新时代石油人共同的理想、追求与价值观。

3.2　中国石油文化的基本特征

石油工人一声吼，地球也要抖三抖。石油工人干劲大，天大困难也不怕。

——铁人王进喜

案例

中国石油工业与中国人民解放军有着密切的血缘关系，新中国石油工人的队伍壮大直接来源于解放军官兵。1952 年中国人民解放军第 19 军第 57 师 7747 人，整体改编为中国人民解放军石油工程第一师，张复振任师长，张文彬任政委。经过初步的专业学习，进行了分工，1 团以钻井为主，2 团以基建为主，3 团以运输为主。1953 年，石油师四千多人赴玉门油田，其余则分配到延安、宝鸡、上海等地的石油企业。1956 年 9 月，经中国人民解放军总参谋部批准，石油工程第一师的番号正式取消，转业到玉门的石油师人和油田职工融为一体，许多营、连级干部成长为石油战线的各级领导。石油师转业队伍参加了石油工业的一系列大型会战，成为石油大军中特别能吃苦、特别能战斗的队伍。

我国石油文化是在特定的历史时期，特殊的自然条件下产生的，伴随着我国石油产业的发展，石油文化也在不断丰富和完善。回顾我国石油文化诞生、形成和发展的过程可以看出，中国石油文化具有以下基本特征。

3.2.1　准军事的组织文化

中国石油文化从其诞生起就具有强烈的军旅烙印，这种特点主要体现在四个方面。

第一，中国人民解放军直接参与了石油的开发与建设工作。

1949 年 9 月，曾在清华大学学习地质的一野三军九师政治部主任康世恩率团进驻玉门油田，并任玉门油田军事总代表，对油田实行军事管制，为新中国保存了仅有的一点石油工业基础。这是玉门油田上的第一支中国人民解放军。不仅如此，玉门油田还开创了中国人民解放军参与开发、建设油田的先河。1952 年 8 月 1 日，中国人民解放军第 19 军第 57 师近 8000 人，整体改编为中国人民解放军石油工程第一师，其中 4000 多人来到玉门油田。大庆油田发现后，中共中央批准开展石油大会战，3 万名退伍军人，全国 37 个石油厂矿、院校的 4 万人投入到这场新中国成立以来第一次大规模的油田会战。此后，在历次石油大会战中，都能找到中国人民解放军的身影。

第二，中国人民解放军英勇善战、特别能吃苦、特别能战斗的优良传统在石油行业中发扬光大。

第一代石油人中不乏久经沙场的军人，政治部主任康世恩、独臂将军余秋里、石油工程师师长张文彬、政委张复振……后来都为石油行业做出了极大贡献。他们放下战斗的武器，拿起生产建设的武器，在国家最需要的时候，在国家最需要的前线贡献出最大的力量。他们不仅把军队英勇善战的作风和艰苦奋斗的传统带到了石油行业，而且将部队集中精力打歼灭战的办法运用到了石油行业中，形成了具有军事风格的石油会战。

第三，中国人民解放军注重思想政治工作的优良作风在石油行业中踵事增华。

中国人民解放军是中国共产党领导、创建的队伍，具有高度的爱国主义精神，以全心全意为人民服务为宗旨。解放军指战员将部队重视思想政治教育的作风及办法带到了油田上，既迅速完成了自身从军人到石油工人的转变，也开始将马克思主义的理论与方法运用到石油事业中重新学习、探索，并形成了具有石油行业特色的思想政治工作。这种做法培养了一支政治过硬、作风正派、敢打敢拼的石油模范队伍，形成了石油人共同的理想、信念、价值观。

第四，石油行业的性质决定了它需要准军事的规范化管理。石油工业是一个系统工程，从勘探、钻井、采油、运输、供水、仓库、炼油、化工等生产到生活的各个方面都需要严格、规范的组织与管理秩序，稍有不慎就有可能酿成大祸。军队严整、规范、有序、意志的准军事作风同样也是石油行业所需要的。油田作业环境恶劣、难度高、风险大，高温高压、易燃易爆物多，对施工质量要求严格。油田会战中有很多任务急、工期短的项目，往往需要争时间、抢速度，这些特点决定了油田开发建设过程中的"会战"风格。由于历史的原因，在我国，石油企业比其他任何企业都更像军事组织。

准军事化管理是从石油企业的政治建设、组织建设、技能建设、纪律建设、团队建设等方面的实际需要出发，仿效军队正规化管理的模式所实行的内部规范化管理。在管理模式等方面，参照军队的工作要求、标准，对企业的各项建设做出接近或相当于军事化的统一规范和标准，进而达到这些规范、标准的要求。

　　正是因为有这样一支以军队出身人员为主体的会战大军，尤其是会战大军的组织者、领导者和思想政治工作的骨干力量，同解放军有着直接的"血缘"关系，他们将我军的优良传统和作风带到石油职工队伍中来，才造就了这样一支优秀的敢打硬仗的石油职工队伍。

　　直到现在，各种军事术语在石油勘探开发生产建设领域还十分流行。从本质上说，军队底蕴文化决定了石油人敢打、善打硬仗，连续作战，不怕艰难困苦，自然条件适应力强的作风。

拓展阅读

大庆油田上的石油军

　　军队在大庆油田的开发中起了重要作用，大庆油田上的石油军继承了军队的优良传统。大庆油田最早学习运用解放军政治工作经验，以毛泽东思想为指导，发扬自力更生、艰苦奋斗的革命精神，坚持集中领导同群众运动相结合、革命精神同科学态度相结合、技术革命和勤俭建国相结合的原则，把思想政治工作同革命干劲和科学管理有机地结合起来，培养了一支过硬的石油工人队伍。

　　1960 年，党中央、国务院决定开展大庆石油大会战。2 月，经中央批准，中央军委组织动员解放军当年转业的官兵 3 万人开赴大庆，参加会战，其中，沈阳军区一万五千人，南京军区一万人，济南军区五千人。

　　大庆油田八一输水管线是大庆早期的重大工程之一，1960 年 5 月由解放军沈阳军区 9470 部队建设，是解放军早期支援大庆的标志性工程。它是油田的生命线，包括油田的工业用水和生活用水输水管线。1960 年 8 月 20 日，沈阳军区派出 9044 部队并配属 9373 部队，编成"军垦大队"抵达萨尔图，展开"过冬突击战"，打土坯、盖"干打垒"。

　　1967 年 3 月，党中央、国务院决定派出解放军部队对大庆油田实行军事管制，以维护正常生产秩序，保卫油田安全。1969 年 11 月，沈阳军区派出坦克团，常年驻守，保卫油田。

1970 年 3 月，解放军沈阳军区肖全富副司令和石油工业部张文斌副部长联合组织修建完成八三输油管道，这是新中国第一条军民联合共同完成的原油长输管道，填补了国内长距离大口径管线输油的空白。

1977 年，解放军工程兵八二支队全师参加大庆建设，此后，解放军 14 军、40 军、64 军的 192 师等都参加了大庆油田的施工建设。

截至 1980 年，解放军累计派出部队官兵 28 700 人次，1653 万劳动工人，参加了筑路、输油管线、输水管线、建筑房屋、植树等各项建设工程。

"除了大庆，没有哪一个企业的诞生和发展能与中华民族的精神和命运联系得如此紧密；没有哪一个企业在未诞生之前，就有了自己文化的厚重底蕴；没有哪一个企业和城市走过短暂的历程，却在中华民族的历史上铭刻一个辉煌的亮点。"⊖

3.2.2 融合的多元文化

哪里有石油，哪里就是石油工人的家。

——歌曲《我为祖国献石油》

石油工人转战南北，因而形成了现代"逐油藏而居的石油部落"。几乎在任何一个油田之中，都能找到全国各省市区的人。来自不同地域的文化与石油生产区的文化互相碰撞、融合，形成了多样性的特点。此外，在中国石油行业不断拓展国际石油开发合作的过程中，中国文化与外来文化之间的交流、影响不断加深，中国石油文化多元性、包容性的特征更加显著。地域文化、各民族文化、域外文化这三种文化因素在油田的发展过程中相互混合、融通、碰撞，获得新生，由此形成了文化融合的现象。

第一，地域文化对石油文化的影响。

中国海陆地域辽阔，不同区域、不同自然地理环境都有着不同的文化风格。我国西北、东北、华北、西南及沿海都蕴藏有油气资源，从戈壁、大漠到高原、盆地，油气资源蕴藏环境各有不同。这种自然地理环境不可避免地影响着石油生产区的社会人文环境。依托本国油气藏而发展起来的

⊖ 余秋里，《余秋里回忆录》，人民出版社，2011 年出版。

中国石油工业有着鲜明的地域文化色彩。例如，大庆精神中被誉为艰苦奋斗六个传家宝之一的"干打垒"就是东北农村的一种简易土房，带有典型的北方乡土文化风格。

南征北战的石油人对不同自然环境下工作条件的心理感受是极为不同的。玉门地处"春风不度"的西部边陲，克拉玛依地处西北荒漠，大庆地处东北严寒冰冻地带，胜利油田则地处盐碱滩。我们能从石油文化相关的作品中生动地感受到这种不同地域文化的影响。例如，"北风当电扇，大雪是炒面，天南海北来会战，誓夺头号大油田，干！干！干！""人过不停步，鸟过不搭窝"这样的诗句直观地反映了石油人在不同自然环境下的工作条件。

随着中国石油工业的成长，石油企业遍布全国各地，石油企业文化与其所处的地域文化产生了千丝万缕的联系，石油人的工作、生活、习惯与当地的风俗习惯融合、并存，产生多元的特点。

第二，中国多民族文化对石油文化的影响。

中华民族是一体的，中华民族又是多元的。中国石油工业的发展是各民族同胞共同建设的成果。新疆油田的发现就有维吾尔族老人赛里木巴依的功劳。在新疆克拉玛依的黑油山，专门树立了维吾尔族老人骑毛驴弹奏热瓦普的雕像（图 3-2）。它不仅反映的是历史上维吾尔族人民对开发新疆石油的贡献，更反映的是石油开发中的民族合作精神。

图 3-2　位于克拉玛依黑油山的维吾尔族老人赛里木巴依雕塑

新疆维吾尔自治区是多民族聚居区，丝绸之路的必经之地，有着重要的能源战略地位，新中国第一代领导人非常重视新疆石油职工中的少数民族同胞。1959 年，在新中国成立十周年大庆之际，毛泽东在紧张的日程安

排之中抽空接见了新疆国庆观礼代表团，还专门与维吾尔族石油工人合影留念。

将多民族文化融入石油文化，最典型的是地处新疆的石油行业。新疆油田员工民族成分较多，维护民族团结的理念非常突出。他们坚持"三个离不开"原则，反对民族分裂，维护国家统一。在油田发展的进程中，各民族相互尊重、相互学习、相互帮助，达到共同繁荣。

第三，域外文化对中国石油文化的影响。

中国石油文化具有包容性，在国际石油开发合作的过程中，中国企业与海外企业之间的文化相互交流、相互影响。中国石油企业"走出去"后，一方面展现中华民族的包容性和凝聚力；另一方面以中国石油企业文化的核心理念为基础，吸收国外的优秀文化和管理经验，创新企业文化建设思路和策略，并在实践中不断调整提高，构成了以中华文化为基础的中国石油海外企业融合文化，绽放出独特光彩。如中石油拉美公司海外企业文化融合实践中的乒乓外交早已经是我们中国尝试对海外企业促进友谊的一种重要手段。为了更好、更快地与委内瑞拉企业建立友谊，中石油的员工们广泛参加各种比赛，增进了中委双方之间的交流和友谊，拉近了中委双方之间的距离。各种体育活动不但丰富了员工的业余生活，通过运动来锻炼身体，还为我们提供了与委方交流的平台，增进了企业员工的归属感和同事之间的友谊。这为中石油的员工们广交朋友、深交朋友、有针对性地做工作提供了良好的契机，同时，参加体育比赛也展现了中国石油人健康、进步、开放的国际形象，在力所能及的范围内配合主体业务，让对方从一个侧面感受到我们与当地政府共同发展的美好愿望和热情。

3.2.3 特有的政治文化

大庆油田取得伟大胜利的原因是政治挂帅，思想领先，自力更生，艰苦奋斗。大庆的道路是我国社会主义工业生产建设的正确道路。

——《人民日报》社论⊖

石油作为全球最重要的能源，从来就不是一个单纯的经济问题，它与国家外交及全球政治紧密相关。中国石油曾被称为"志气油"，中国石油

⊖ 1966 年 1 月 2 日，《人民日报》发表题为《中国工业化的正确道路》的社论指出。

开发战略有着重要的政治因素。从抗日战争到解放战争、从朝鲜战争到越南战争，每一次国际政治环境、地缘政治环境都深刻地影响着中国石油的开发战略。20 世纪 60 年代，美国出兵越南，党中央加强战备，加速三线建设，加强在四川开气找油便是在这种背景下开始的。三线建设，主要是备战，一是能源，二是交通。四川的煤储量有限，于是就把重点放在了勘探开发石油和天然气方面。四川油气资源的勘探开发就是在这样的政治背景之下展开的。

中国石油文化鲜明的政治色彩与石油行业的特有属性有关，具体体现在以下三个方面。

第一，中国石油行业的国家属性。

在中国，石油资源属国家所有，由国务院代表国家行使占有、使用、收益和处分的权利。基于对石油资源的主权，国家有权决定石油资源的勘探、开发和利用，并依法统一管理。石油在现代社会中有极端重要性，它关系经济发展、国防和军事、外交，并直接关系国家经济安全。它是具有影响全球政治格局、经济秩序和军事活动的重要商品，影响着国家安全。在屡次石油危机之后，其政治性愈发凸显。我国三大石油公司均属于大型国有企业，是以国家力量为支撑的企业，它们在中国能源部门占主导地位，承担着政治、经济、社会三大责任。爱国主义是中国石油工业产生与发展的重要动力，石油人本着为国效力、为国家做贡献的宗旨，创建了中国石油事业，也创造了中国石油文化。

政府最初通过石油部、煤炭部、电力部等能源管理部门实现对石油的管理，改革开放以后，石油领域实现商业化，但石油企业仍在政府指导控制之下，这是中国石油行业与其他经济部门最大的不同。尽管中国石油企业不断走向国际化，也有外国公司参与到中国能源项目，但这些都是为了最大限度地实现独立自主并保障能源安全。中国石油企业的商业化、国际化并没有改变其国有的根本属性。

第二，中国石油行业的政党属性。

中国共产党是石油工业坚强的领导核心，无论是在石油工业的初创年代，还是在石油工业向国际化发展阶段，中国共产党都是重要的决策者、推动者。在石油行业的党组织建设工作方面，石油工业部部长余秋里有非常重要的贡献，大庆会战中，党的领导起到了非常重要的作用。

在石油行业初创时期，物质生活和精神生活都非常匮乏，石油人长期从事野外流动作业，需要加强思想工作来增强凝聚力和战斗力。余秋里在一次会议上强调要将支部建在（井）队上，实行指导员制度，这是非常时期非常条件下采取的一种高度模仿解放军党组织建设的工作，在石油行业中注入了深深的政党烙印。1961年年底，经报中央批准，大庆"会战工委"作为石油部党的组织机构，具体领导会战，改变了此前油田党组织与地方党委的双重关系，这使石油部党组织能够更直接地从政治上指导会战等各种工作。这个党组织中的核心人物是余秋里、康世恩，其灵活的政治工作方法、思路极大地促进了大庆会战的顺利开展。大庆油田"两论起家""两分法"的进步，"三老四严"作风的形成，都与这种深入、细致的政治工作有密切的关系。更重要的是，这种重视思想政治工作的传统成了石油文化的重要内容之一。

石油行业讲政治的鲜明特点是与生产紧密结合，做到"抓生产从思想入手，抓思想从生产出发"，不讲空头政治，这是石油工业部部长余秋里的工作思路，也成为石油行业政治工作的特色。余秋里的过人之处就在于，在全国都在抓生产的时候，他强调要讲政治，这是一种高超的政治艺术。

第三，中国石油行业的阶级属性。

中国石油行业中的历史功绩不仅在于为国家生产原油，还在于为国家培养和造就了一支英雄的工人阶级队伍，培养和输送了一大批政治过硬的领导骨干、科技骨干。石油行业中从知识分子到技术工人，从普通工人到油田家属、子女，我们都能从这几个群体中找到杰出的代表。石油行业的知识分子与油田工人通力合作，互相学习，共同成长，他们都是新时期工人阶级的组成部分；他们充分发挥主人翁的责任意识，以油田为家，以采油为业，无私奉献，创造了无数奇迹，使中国石油工业不断崛起，也使石油文化不断充实。

3.2.4 独特的会战文化

这是石油文化中极具中国特色的方面，它源自石油行业发展所面临的国内外局势，既有不得已而为之的迫切，又显示了石油人能审时度势、正确分析问题、灵活解决问题的能力。

"会战"中的"会"指集中力量，"战"指战斗，解决困难和问题。新中国经济建设的起步与发展，是在当时物质匮乏、技术落后的条件下充分展开的。石油会战，就是集中优势兵力打歼灭战，是在特殊历史条件下的特殊行动。石油工业由军队领头组织打会战。大庆油田是新中国第一次具有完全独立自主意义的大会战。大庆油田会战充分利用了当时全国人民扬眉吐气的情感资源、精神资源，采取运动的方式来开展各种各样的大会战，从全国各地调集中坚力量，运用"集中优势力量，各个歼灭敌人"的原理开展各项经济活动。

从新中国工业经济的复苏，到后来艰苦的三线建设，甚至在改革开放之前的整个经济发展过程中，会战都是主要的方式，这种方式是在资金匮乏、基础几乎为零的条件下不得不采取的方法。苏联的兴盛及中国第一经济发展时段经济的崛起都充分证明，全民大会战在特定的历史条件下是成功的。

全国会战确定了国民经济的布局与框架，为其后的发展奠定了基础，但是在此类运动性的大会战之中，最著名的可能还是石油行业大会战，也正是因为这样，在石油人的血液里现在还留存着会战的情结。以大庆石油会战为代表的中国石油会战，对中国石油文化影响深刻。

3.2.5　典型的榜样文化

这是石油文化中最具代表性的部分。石油工业中的榜样不仅是行业模范，更是民族精神的象征。

在异常艰苦的创业阶段，涌现出以王进喜、马德仁、段兴枝、薛国邦、朱洪昌等为代表的"五面红旗"。王进喜在"宁可少活 20 年，拼命也要拿下大油田"的誓言下，带领 1205 钻井队创造了 5 天零 4 个小时钻完 1020 米设计井深的纪录。在突然发生井喷时，为了保住钻机和设备，王进喜和战友跳进泥浆池，用身体搅拌，被人们称为"铁人"。马德仁带领的 1202 钻井队被誉为"石油战线上永不卷刃的尖刀"。

在油田开发建设的新时期，大庆油田王启民，面临高含水的挑战，用科学技术开辟了石油领域的新天地。这样默默无闻在石油行业奋战的科技工作者还有很多很多，他们是新时期石油行业的红旗、标兵。李新民，王进喜所在的 1205 钻井队第十八任队长，在"宁可历尽千难万险，也要为祖国献石油"的精神下，带领队员实现了"把井打到国外去"的目标，在海外打出了"中国速度"，叫响了"中国品牌"。他们被誉为"新时期铁人"。

王进喜（图3-3）是新中国最有影响力的劳动模范之一。他于1950年参加工作，是新中国第一代石油钻井工人，是工人阶级的先锋战士，是顶天立地的民族英雄。王进喜在20世纪80年代被中共中央组织部确认为新中国成立以来在群众中享有崇高威望的五位优秀共产党员之一。2000年10月，在世纪之交，他与孙中山、毛泽东、邓小平等伟人一起被评为"百年中国十大人物"之一。2003年，王进喜诞辰80周年，工人日报署名文章，"没有人比得上他对中国经济建设的巨大影响力，没有人能像他那样

图3-3 王进喜

把中华民族精神在个人的实践中体现得淋漓尽致。"2005年4月29日新华社通稿《永远的丰碑"新中国石油战线的铁人——王进喜"》中提到，"铁人不仅是工人阶级的先锋战士、共产党人的楷模，他更是一个为国家分忧解难、为民族争光争气、顶天立地的民族英雄。"

石油烈士

石油行业中有享誉全国的模范人物，还有很多默默无闻、英勇献身的烈士，他们同样是熠熠生辉的典型榜样。

杨拯陆烈士（图3-4），西北大学地质系毕业，杨虎城将军之女，新疆地质117队队长。1958年9月25日，她在准噶尔盆地东部三塘湖地区的地质勘探中，遭遇风雪遇难，死时十指紧插在泥土里，胸口新绘地质图完好无损，年仅22岁。与其一起牺牲的还有张广智。1982年，中国地质学会将两人勘察的含油地质构造分别命名为"拯陆背斜""广智背斜"。2008年，吐哈油田在三塘湖采油厂树立了杨拯陆烈士纪念铜像，成为集团公司的"企业精神教育基地"。杨拯陆的哥哥杨拯民，也是新中国

图3-4 将门女烈士杨拯陆

第一代石油功臣。1950年，他主动请缨到艰苦的玉门油田工作，曾担任

玉门矿务局局长。巧合的是，在 1952 年组建的石油工程第一师的部队编制中，一部分是原西北民主联军第三十八军十七师，即爱国将领杨虎城所创建和领导的武装。这支武装力量在著名的百团大战中曾与八路军并肩战斗，是一支爱国的英勇部队。他们为中国石油文化注入了红色基因。

戴健，女，塔里木地质大队 113 地质队队长，1958 年 8 月 18 日，为寻找新疆依奇克里克油田在洪水中遇难，同时遇难的还有 113 队李越人，114 队李乃君（女）、杨秀龙，115 队周正淦。戴健死时手中紧攥资料，观者动容。2008 年，塔里木油田公司为纪念这些勘探尖兵，将戴健、李越人遇难的山沟命名为"健人沟"，并立碑纪念（图 3-5）。

图 3-5　伫立在新疆天山峡谷的纪念碑

1966 年 6 月 22 日凌晨，四川石油会战，在 32111 钻井队测试气井过程中，由于气层压力过大，井口出气钢管突然爆炸，井口工人坚守岗位，扑灭大火，保住了气井和气田，张永庆、王平、罗华太、吴仲启、王祖明、邓木全 6 位工人英勇牺牲。石油工业部授予其"无产阶级革命英雄主义钻井队"光荣称号。

吴玉田，胜利油田铁人式钻井工人，共产党员，革命烈士。1973 年 9 月 21 日，在罗 5 井发生强烈井喷的关键时刻，他不顾强大的硫化氢气流冲击，坚守岗位，以身殉职，牺牲时手里仍紧捏刹把。

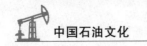

从 1978 年至今，共有 80 多位英雄在塔里木盆地塔克拉玛干沙漠这片"死亡之海"里献出了年轻的生命。1993 年，中国石油天然气总公司在库尔勒市郊树立汉白玉"征服塔克拉玛干纪念碑"。

他们是石油行业的丰碑，传承的是先辈的创业精神，传承的是石油精神之魂，秉承榜样的巨大精神力量继续前行是告慰石油先辈的最好方式。

3.2.6 乐观的英雄主义文化

北风当电扇，大雪是炒面。天南海北来会战，誓夺头号大油田，干！干！干！

——铁人诗抄

天塌我们顶，地陷我们填，钢铁意志英雄胆，不创标杆非好汉。

——铁人诗抄

这是中国石油文化中最值得称赞和自豪的特征。没有油，饱含着乐观的情绪去找；采油难，发挥革命的乐观主义精神，以苦为乐。这种精神来之不易，令人敬佩。石油人的这种特点体现在不少经典话语中。例如，"哪里有石油哪里就有我的家""为国分忧，为民族争气""早日把中国石油落后的帽子甩到太平洋里去""没有条件创造条件也要上""要为油田负责一辈子""干工作要经得起子孙万代检查""练一身硬功夫，真本事"等精神现在看来也是同样令人肃然起敬，是石油文化乐观英雄主义文化的体现。王进喜文化水平不高，他自己说："学会一个字就像搬掉一座山。"但他仍以诗抒发了当代石油工人特有的粗犷和豪迈，他的经典语录成为铁人精神的最好表达。

在塔克拉玛干沙漠，昼夜温差极大，夏季沙漠地区施工工人常常露宿沙漠，他们睡前在沙漠上挖坑，找来柴火点燃，然后用沙子把明火埋起来，再在上面铺上垫子，发明了这种沙漠上的特殊"火炕"。早上醒来，露宿的被子常常落下厚厚的沙子，石油工人戏谑自己是"出土文物"。

在大庆严寒中奋战的石油工人创造了很多广为传颂的油田战斗诗篇。大庆冬季最低气温达零下三十多度，户外工作的工人们被冻得如同冰人，下班时的工人像一根冰棍，手臂不能弯，腰也不能转，腿脚极不方便，活像个冰块机器人，于是就形成了这样的诗句："身穿冰激凌，风雪吹不进。干活冒大汗，大雪当炒面，干！干！干！"严酷的环境中，石油人克服了常人难以想象的困难，甚至付出生命的代价，但依然饱含着乐观的精神。

2016 年 3 月，习近平在参加第十二届全国人大四次会议黑龙江代表团审议时指出，"只要精神不滑坡，办法总比困难多""我们从来都是在压力和挑战中前进的，也一定能继续在压力和挑战中不断前进"，这些亲切的话语，给了百万石油员工巨大鼓舞[一]。从习近平总书记的这些话语中，我们也能找到石油人乐观的英雄主义精神。

3.2.7　艰苦的创业文化

艰苦的创业文化是中国石油文化的核心。石油资源的蕴藏特点决定了其勘探开发工作必定是艰苦的；我国石油工业又是在极其薄弱的基础之上、极其艰苦的历史条件之下建立的，艰苦奋斗是石油人崇高的创业精神，也与特定社会历史条件密切相关。艰苦奋斗既是物质贫乏、条件困苦情况下的生活、工作方式，更是排除困难、忘我奋斗、百折不挠的进取精神。今天，我们不能简单地从吃穿住行层面理解石油文化中的艰苦奋斗精神，更应该结合一定的社会历史条件理解，才能使艰苦奋斗成为一种更具生命力和传承价值的精神动力。

以"五把铁锹闹革命"（图 3-6）为例，这是石油文化的核心——大

图 3-6　薛桂芳（右一）带领家属"五把铁锹闹革命"[二]

一　资料来源：人民网——能源频道。
二　《十大女杰》，《中国石油月刊》1999 年第 10 期。

庆精神中的重要内容。很多时候我们是从条件艰苦的角度，从基层的石油科学工作者、石油工人、家属充分发挥主观能动性，不怕苦、不怕累、不怕牺牲的角度，去理解艰苦奋斗精神，其实这种艰苦奋斗精神还与当时的社会历史条件密切相关。

"五把铁锹闹革命"不是个别妇女（石油家属）的自发行动，而是20世纪60年代尤其是三年困难时期，石油行业自力更生的普遍做法，不仅在大庆油田，在玉门油田等地也有这样的做法，这与当时的石油部长余秋里的倡导密切相关。"五把铁锹闹革命"典型地反映了以余秋里、康世恩为代表的石油部党组在解决工农业发展、协调城乡关系等问题上的聪明才智，它充分体现的是中国共产党人实事求是、灵活解决社会矛盾的政治智慧。

石油会战，就是集中精力打歼灭战，没有充足的人手来进行其他生产活动。当时的国家和地方补给十分有限，石油人必须自己解决这个问题。这就陷入了两难困境，一边是会战急需人手，一边却无法满足会战人口所需要的基本口粮。另一方面，会战不是两三个月的事，通常持续一两年，不少石油职工都是拖家带口地来到油田，这些突然来到油区的石油家属的身份一时并不明确，既没有在当地落户，也不属于油区工作人员，没有基本的保障，是没有城市户口的"市民"，其身份和角色是十分复杂的。

这些问题的实质是复杂的工农关系、城乡关系。余秋里不遗余力推广"五把铁锹闹革命"的精神，其目的就在于，既减少城镇人口，又不至于棒打鸳鸯。三年困难时期，为了缓解城市粮荒，开始下放城镇人口，石油系统也开始精简职工。当时工农、城乡差距并不是特别大，不少人自愿响应号召，回到农村。但也有不少人回到农村，同样处于闹粮荒、衣食无着的状态，一些石油职工家属去留两难，这是"五把铁锹闹革命"的重要背景。一些职工最开始在房前屋后井边开荒，规模有限。1962年，余秋里向上级领导建议在安北地区拨10万亩荒原作为农场。得到批复后，余秋里立即向在新疆指挥农垦兵团的王震求援农机设备，王震二话没说，随即派来了20台拖拉机。与油田开发相伴随的农垦活动大规模展开。

大庆会战时期，油田既是工作区，又是居民点，很多被下放回乡的油田家属并没有离开油田，而是就近组织开荒种地，自食其力，如薛桂芳等。她们种的粮食和蔬菜自给有余，有效支援了战区生活。将战区建设成生产生活基地。大庆土质好，面积大，比其他油田更适合发展农副业。在分散的居民点，家属组织起来参加农副生产。这是石油人艰苦奋斗创造的成绩，体现的是石油人在困难的社会历史条件下自主、灵活解决社会矛盾的智慧与能力。在新的历史条件下，石油行业、石油人仍面临各种困难，这种艰苦奋斗的智慧和能力是推动石油工业不断前进发展的巨大动力。

 思考题

1. 中国石油文化经历了哪几个发展阶段？
2. 中国石油文化的基本特征有哪些？

在线测试题

一、不定项选择题（本题可以选择一个及一个以上的选项，请把答案填写在题后的括号内。）

1. 新中国成立以来，中国石油工业发展的主要阶段包括（　　　）。

第一阶段，新中国石油工业的萌芽时期（1949—1952 年）

第二阶段，我国石油工业的形成发展时期（1953—1965 年）

第三阶段，我国石油工业的曲折发展时期（1966—1978 年）

第四阶段，我国石油工业的进一步丰富发展时期（1979 至今）

2. 我国石油文化是在新中国成立后的特定历史时期，特殊的自然条件下产生的，一直伴随着我国石油产业的发展，自身也在不断地发展与完善。回顾我国石油文化的诞生、成型和发展的过程，总结多年来中国石油文化发展的基本特征有（　　　）。

A. 准军事的组织文化

B. 独特的会战文化

C. 独立的单一文化

D. 乐观英雄主义文化

3. 典型的榜样文化作为中国石油文化中最具代表性的部分，其具体表现有（　　　）。

A. 大庆石油会战中，涌现出以王进喜、马德仁等为代表的"五面红旗"

B. 王进喜"宁可少活 20 年，拼命也要拿下大油田"的誓言具有鲜明的时代意义

C. 马德仁带领的 1202 钻井队被誉为"石油战线上永不卷刃的尖刀"

D. 典型的榜样文化是王进喜、马德仁等先进人物独有而不可超越的

4. 中国石油文化有着特有的政治文化特征，其具体表现有（　　　）。

A. 时代性：中国石油文化一直带有浓重的时代政治色彩，又有"志

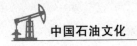

气油"之称

B. 国家性：中国石油企业是国家企业，是以国家力量为支撑指导的企业，必然形成了带有国家性的企业文化

C. 政党性：党的各项方针政策一直指引着石油工业的发展，从大庆油田"两论"起家开始，石油人都一直跟着党的脚步前进

D. 阶级性：中国石油文化是新中国工人阶级创造的新型文化

5. 中国石油文化有着独特的会战文化特征，其具体表现有（　　）。

A. "石油会战"中的"会"是指集中力量，"战"是指战斗、解决困难和问题

B. 从新中国成立到改革开放之前的整个经济发展中，会战都是主要的方式

C. 会战的背景是在当时物质匮乏、技术落后的条件下充分展开的

D. 独特的会战文化贯穿于中国革命、建设和改革的全过程

二、简述题

大庆精神和铁人精神的具体内容包括哪些？

第4章
中国石油文化的表现形态

学习目标

掌握中国石油企业文化的具体形态；

明确加强石油企业文化建设的现实意义；

了解中国石油高校的发展，新时代石油高校如何传承石油文化。

4.1　中国石油企业文化

　　锦绣河山美如画，祖国建设跨骏马，我当个石油工人多荣耀。头戴铝盔走天涯，头顶天山鹅毛雪，面对戈壁大风沙，嘉陵江边迎朝阳，昆仑山下送晚霞。天不怕、地不怕，风雪雷电任随它，我为祖国献石油。

——《我为祖国献石油》

4.1.1　中国石油企业文化与中国石油文化的关系

1. 企业文化

　　企业文化，或称组织文化，是由一个组织的价值观、信念、仪式、符号、处事方式等组成的特有的文化形象。简单而言，企业文化就是企业在日常运行中所表现出的各个方面。

　　企业文化是在一定的条件下，企业生产经营和管理活动中所创造的具有该企业特色的精神财富和物质形态。它包括文化观念、价值观念、企业精神、道德规范、行为准则、历史传统、企业制度、文化环境、企业产品等。其中，价值观是企业文化的核心。

　　企业文化是企业的灵魂，是推动企业发展的不竭动力。它包含着非常丰富的内容，其核心是企业的精神和价值观。这里的价值观不是泛指企业管理中的各种文化现象，而是指企业或企业中的员工在从事经营活动中所秉持的价值观念。

企业文化是一个企业在长期生产经营中倡导、积累，经过筛选提炼成的，是企业的灵魂和潜在的生产力，是打造企业核心竞争力的战略举措。

企业文化由三个层次构成。

表面层的物质文化，称为企业的"硬文化"。包括厂容、厂貌、机械设备，产品造型、外观、质量等。

中间层次的制度文化，包括领导体制、人际关系以及各项规章制度和纪律等。

核心层的精神文化，称为"企业软文化"，包括各种行为规范、价值观念、企业的群体意识、职工素质和优良传统等，是企业文化的核心，被称为企业精神。

2. 四大石油公司

在我国，中石油、中石化、中海油和中化是中国石油行业巨头，代表了中国石油行业的发展，其文化具有鲜明的代表性。中国石油文化的具体形态是丰富多样的，其中一个重要表现就是石油企业文化。

中国石油天然气集团公司（China National Petroleum Corporation，英文缩写"CNPC"，中文简称"中国石油"，大众通常称其为"中石油"）是国有重要骨干企业，是以油气业务、工程技术服务、石油工程建设、石油装备制造、金融服务、新能源开发等为主营业务的综合性国际能源公司，是中国主要的油气生产商和供应商之一。其标志如图4-1所示。中国石油以建成世界水平的综合性国际能源公司为目标，通过实施战略发展，坚持创新驱动，注重质量效益，加快转变发展方式，实现到2020年主要指标达到世界先进水平，全面提升竞争能力和盈利能力，成为绿色发展、可持续发展的领先公司。2018年，它在《财富》世界500强排行榜中排名第4位。

中国石油化工集团公司（英文缩写Sinopec Group，简称"中国石化"，大众常称其为"中石化"）是1998年7月国家在原中国石油化工总公司的基础上重组成立的特大型石油石化企业集团。其公司标志如图4-2所示。公司主营业务范围包括：实业投资及投资管理；石油、天然气的勘探、开采、储运（含管道运输）、销售和综合利用；煤炭生产、销售、储存、运输；石油炼制；成品油储存、运输、批发和零售；石油化工、天然气化工、煤化工及其他化工产品的生产、销售、储存、运输；新能源、地热等能源产品的生产、销售、储存、运输；石油石化工程的勘探、设计、咨询、施工、安装；石油石化设备检修、维修；机电设备研发、制造与销售；电力、蒸汽、水务和工业气体的生产销售；技术、电子商务及信息、替代能源产品的研究、开发、应用、咨询服务；自营和代理有关商品和技术的进出口；对外工程承包、招标采购、劳务输出；国际化仓储与物流业务等。

图 4-1 中国石油标志　　　　　　　　图 4-2 中国石化标志

目前，该公司是中国最大的成品油和石化产品供应商、第二大油气生产商，是世界第一大炼油公司、第二大化工公司，加油站总数位居世界第二，2018 年，在《财富》世界 500 强企业中排名第 3 位。

中国海洋石油总公司（英文名称 China National Offshore Oil Corporation，简称"中国海油"，常被称为"中海油"）是中国国务院国有资产监督管理委员会直属的特大型国有企业（中央企业）。其公司标志如图 4-3 所示。自 1982 年成立以来，中国海油通过成功实施改革重组、资本运营、海外并购、上下游一体化等重大举措，实现了跨越式发展，综合竞争实力不断增强，保持了良好的发展态势，由一家单纯从事油气开采的上游公司，发展成为主业突出、产业链完整的国际能源公司，形成了油气勘探开发、专业技术服务、炼化销售及化肥、天然气及发电、金融服务、新能源等六大业务板块，在 2018 年《财富》世界 500 强排行榜中排名第 87 位。

中国中化集团有限公司（英文名称 Sinochem Group，简称中化集团，常被称为"中化"）为国有大型骨干中央企业，已 26 次入围《财富》全球 500 强，其公司标志如图 4-4 所示。中化集团主业分布在能源、农业、化工、地产、金融五大领域，是中国四大国家石油公司之一，最大的农业投入品（化肥、种子、农药）一体化经营企业，是领先的化工产品综合服务商，并在高端地产酒店和非银行金融领域具有较强的影响力。2018 年，该公司在《财富》世界 500 强排行榜中排名第 98 位。

图 4-3   中国海油标志

中国中化集团公司
SINOCHEM GROUP

图 4-4   中化集团标志

3. 石油企业文化

石油企业文化是石油企业在长期生产经营中倡导、积累，经过筛选提炼而成，是企业的灵魂和潜在的生产力，是打造企业核心竞争力的战略举措。随着市场竞争日益激烈和经济全球化趋势的增强，石油企业要提高整体素质，内增凝聚力，外增竞争力。在实现企业发展战略的过程中，文化建设的作用已日益突出。因此，站在石油企业成败兴衰的高度上，正确理解和把握石油企业文化的内涵，加快石油企业文化建设的步伐，已成为石油企业发展至关重要的课题。

21 世纪是人文经济的时代，21 世纪的商战是文化的比拼。正确理解和把握石油企业文化建设的内涵，重视和加强石油企业文化建设，能够增强石油企业的凝聚力，塑造石油企业的良好形象，从而提高石油企业的市场竞争能力和自我发展能力。

4. 加强石油企业文化建设的意义

石油企业正面临着深化国有企业改革，创建现代企业制度和走向国际化、全球化经营的深刻变革，这种变革必然改变传统企业组织方式、制度体系、经营方式乃至企业职工的行为习惯，同时也向组织文化的主体——人提出了新的要求。

因此，比较中外企业文化的特征，总结国内外企业文化建设的经验，研究企业文化理论兴起对企业管理模式和管理理论更新的要求，分析现代企业文化建设的新要求、新特征及其对石油企业文化建设的影响，探讨石油企业文化建设的新思路，对于企业再创辉煌具有十分重要的现实意义。

一是贯彻落实新时代中国特色社会主义理论体系，尤其是以习近平总书记为核心的党中央系列讲话精神的必然要求。新时代中国特色社会主义思想是我国社会主义现代化建设，实现中华民族伟大复兴中国梦的理论指针。企业文化是社会文化在企业的有机延伸。国有企业建设优秀的企业文化，是发展先进文化的重要组成部分。大力加强企业文化建设，是全面贯彻落实新时代中国特色社会主义思想，尤其是以习近平总书记为核心的党中央系列讲话精神的自觉实践，将有力地促进我国石油企业社会主义物质文明、精神文明、政治文明和生态文明建设的协调发展。

二是加强企业文化建设是中国石油企业实现新的发展、建设具有国际竞争力的企业集团的迫切需要。面对经济全球化和国内外市场复杂激烈的竞争形势，中国石油企业大力加强企业文化建设，在企业管理方面吸收国内外先进经验，将有力地促进管理的现代化，内强素质，外塑形象，进一步增强企业的核心竞争力，为把企业建设成为具有国际竞争力的跨国企业集团提供强有力的文化支撑。

三是加强企业文化建设是建设高素质职工队伍的重要途径。先进的企业文化全面贯彻以人为本的管理思想，注重各方面利益关系的合理调整。大力推行先进的企业文化，有助于促进广大职工进一步解放思想，转变观念，树立与时代发展相适应的经营管理理念；有利于正确调整国家、企业、职工相互之间的利益关系；有利于在企业内部形成开拓创新、锐意进取的良好氛围，不断增强职工队伍的凝聚力和战斗力，为企业的改革、发展和稳定提供强有力的组织保证。

四是加强企业文化建设是继承和发扬优良传统，大力加强精神文明建设的切实举措。在中国石油工业的发展历程中，形成了以"大庆精神""三老四严"等为代表的独具特色的优秀企业文化成果。这些宝贵的精神财富，不仅促进了中国石油工业的发展，而且在社会上产生了积极、广泛的影响。在新的历史条件下，我国石油企业必须不断吸收、借鉴人类社会的一切文明成果，在继承和发扬优良传统的基础上，从内容和形式等方面积极创新，以富有时代精神和独具特色的企业文化为集团公司的发展提供更加强大的精神动力和思想保证。图4-5是一些石油企业为加强企业文化建设做的宣传画。

图 4-5　石油企业文化建设

5. 石油企业文化建设指导原则

实施石油企业文化战略，是实现石油企业持续发展的一项长期任务，是一个复杂的系统工程。结合大庆油田有限责任公司企业文化建设的实践，建议构建优秀石油企业文化，应注意把握以下指导原则。

一是坚持实事求是的思想路线。

二是高举大庆精神的旗帜不动摇。

三是贯彻系统化、层次化原则，树立起"打持久战"的理念。

四是树立"管理者首位"的思想。

4.1.2　中国石油企业文化案例

1. 中国石油天然气集团有限公司

中国石油是国有重要骨干企业，是以油气业务、工程技术服务、石油工程建设、石油装备制造、金融服务、新能源开发等为主营业务的综合性国际能源公司，是中国主要的油气生产商和供应商之一。中国石油以建成世界水平的综合性国际能源公司为目标，通过实施战略发展，坚持创新驱动，注重质量效益，加快转变发展方式，实现到 2020 年主要指标达到世界先进水平，全面提升竞争能力和盈利能力，成为绿色发展、可持续发展的领先公司。

2014 年，中国石油在美国《石油情报周刊》世界 50 家大石油公司综合排名中，位居第 3 位，在美国《财富》杂志 2015 年世界 500 强公司排名中居第 4 位。在 2018 年《财富》世界 500 强排行榜中排名第 4 位。

中国石油业务范围广，其油气业务包括勘探与生产、炼油与化工、销售、天然气与管道；工程技术服务包括物探、钻井、测井、井下作业；石油工程建设服务包括油气田地面工程、管道施工、炼化装置建设；石油装备制造业务包括勘探设备、钻采装备、炼化设备、石油专用管、动力设备；金融服务包括资金管理、金融保险；运输服务包括危化品运输、特种大件运输、涉外（国外）运输，社会物流等；新能源开发包括非常规油气资源、生物质能等可再生能源。

中国石油的企业精神是爱国、创业、求实、奉献。

（1）爱国：爱岗敬业，产业报国，持续发展，为增强综合国力做贡献。中国石油积极承担作为特大型国有企业的历史使命，努力发展壮大公司实力，致力于产业报国；以建设具有国际竞争力的跨国企业集团为目标，加快实施国际化经营战略，通过合理开发和利用国内外两种资源、两个市场，尽快完成由国内石油公司向跨国石油公司的转变，由单纯的"油气生产商"向具有复合功能的"油气供应商"转变。

通过持续有效的生产经营和资本经营，依法向国家缴纳税费，为出资者提供理想的投资回报，不断满足国民经济发展对油气资源日益增长的需求，维护国家的经济安全和能源安全，为增强综合国力做出更大的贡献。

积极引导广大职工把强烈的爱国热情融入振兴祖国石油工业、加快集团公司发展的实践之中。教育职工爱岗敬业，奋发有为，勤勉自励，为提高公司业绩多做贡献，这是爱国主义最直接、最充分的体现。

（2）创业：艰苦奋斗，锐意进取，创业永恒，始终不渝地追求一流。艰苦创业是中国石油工业从小到大、从弱到强发展历程的真实写照。在国内外市场竞争日趋复杂激烈的形势下，更要继续发扬艰苦奋斗的精神，顽强拼搏，自强不息，知难而进，勤俭节约，反对浪费，力求避免决策失误。

紧紧抓住发展这个第一要务不放，坚持用发展的观点解决前进中的问题，锐意进取，发扬"有条件要上，没有条件创造条件也要上"的英雄气概，积极拓宽发展思路，创造发展条件，开辟新的增长领域，谋求集团公司更大的发展。永不满足，创业永恒，以创业的精神对待每一项工作，把每一个成绩当作新的起点，不断进行新的实践。努力建设一流的职工队伍，以一流的标准、一流的工作、一流的业绩，塑造一流的企业形象。

（3）求实：讲求科学，实事求是，"三老四严"，不断提高管理水平和科技水平。以辩证唯物主义的世界观和方法论为指导，尊重科学，勇于实践，开拓创新，这是集团公司制胜的法宝。其关键是始终坚持解放思想，实事求是，与时俱进的思想路线。

坚持求真务实，力戒形式主义。努力形成重实干、讲实效、看实绩的良好风气。按照"当老实人、说老实话、办老实事"的要求，努力建设一支高素质的职工队伍。以"严格的要求、严密的组织、严肃的态度、严明的纪律"，不断提高企业的管理水平。

牢固树立科学技术是第一生产力的思想，依靠科技进步促进集团公司发展。以超前的意识加强基础性研究和应用技术的开发，掌握更多关键核心技术的自主知识产权，努力把科研成果迅速转化为现实的生产力，不断提高集团公司的核心竞争力。

（4）奉献：职工奉献企业，企业回报社会、回报客户、回报职工、回报投资者。积极引导广大职工以王进喜、王启民、秦文贵等先进模范为榜样，竭诚奉献企业。牢固树立人才兴企的观念，努力形成广纳群贤、人尽其才、能上能下、充满活力的用人机制。把优秀人才集聚到集团公司发展的事业上来，为职工施展才干创造更加广阔的空间。

通过合理利用国内外资源，以持续有效的生产经营为社会和客户提供优质、安全、清洁的石油，天然气，化工产品及优质的服务，为投资者提供理想的投资回报。努力保护和改善人类赖以生存的自然环境，不断提高人民的生活质量，为社会的繁荣和经济文化的发展做出自己的贡献。

依法保障职工享有政治、经济、文化、社会生活各方面的民主权利。鼓励职工通过诚实的劳动获取正当的物质利益，树立把国家、社会、企业利益放在首位而又充分尊重职工个人合法权益的社会主义义利观。在企业发展的基础上，逐步改善职工的工作和生活条件，使公司的经营成果惠及每一名职工，为职工创造更加美好的生活提供保障。

企业的核心价值观是我为祖国献石油。

企业要牢记石油报国的崇高使命，始终与祖国同呼吸、共命运，承担起保障国家能源安全的重任。胸怀报国之志，恪尽兴油之责，爱岗敬业，艰苦奋斗，拼搏奉献。

企业核心经营管理理念包括诚信、创新、业绩、和谐、安全。

诚信：立诚守信，言真行实。

创新：与时俱进，开拓创新。

业绩：业绩至上，创造卓越。

和谐：团结协作，营造和谐。

安全：以人为本，安全第一。

诚信是基石，创新是动力，业绩是目标，和谐是保障，安全是前提。"诚信、创新、安全、卓越"的企业价值观与企业核心经营管理理念在集团公司价值体系建设中逐步统一。

企业质量健康安全环保（QHSE）理念是环保优先、安全第一、质量至上、以人为本。

（1）公司坚持"环保优先"，走低碳发展、绿色发展之路。致力于保护生态、节能减排，开发清洁能源和环境友好产品、发展循环经济，最大限度地降低经营活动对环境的影响，努力创造能源与环境的和谐。

（2）公司坚持"安全第一"，坚信一切事故都可以避免。通过完善体系，落实责任，全员参与，源头控制，重视隐患治理和风险防范，杜绝重大生产事故和公共安全事件，持续提升安全生产水平。注重保护员工在生产经营中的生命安全和健康，为员工创造安全、健康的工作条件；始终将安全作为保障企业生产经营活动顺利进行的前提。

（3）公司坚持"诚实守信，精益求精"的质量方针，依靠科学的管理体系和先进的技术方法，严格执行程序，强化过程控制，规范岗位操作，杜绝品质瑕疵，为用户提供优质产品和满意服务。

（4）公司坚持"以人为本"，全心全意依靠员工办企业，维护员工根本利益，尊重员工生命价值、工作价值和情感愿望，高度关注员工身心健康，保障员工权益，消除职业危害，疏导心理压力，为员工提供良好的工作环境，创造和谐的工作氛围。

企业国际合作理念是互利共赢，合作发展。

在国际业务中，公司坚持诚信负责、务实合作。发挥公司综合一体化优势，与合作伙伴结成利益共同体，优势互补，共享发展成果。尊重资源国的战略选择，尊重当地的文化信仰和风俗习惯，促进就业、改善民生、保护环境、热心公益，推动资源国经济社会全面发展。

企业的宗旨是奉献能源，创造和谐，如图 4-6 所示。

（1）奉献能源。就是坚持资源、市场、国际化战略，打造绿色、国

际、可持续的中国石油，充分利用两种资源、两个市场，保障国家能源安全，保障油气市场的平稳供应，为社会提供优质、安全、清洁的油气产品与服务。

图4-6　中国石油的企业宗旨

（2）创造和谐。就是创建资源节约型、环境友好型企业，创造能源与环境的和谐；履行社会责任，促进经济发展，创造企业与社会的和谐；践行以人为本，实现企业与个人同步发展，创造企业与员工的和谐。

拓展阅读

中国石油集团2018年工作会议开幕

今后一个时期的发展思路：以习近平新时代中国特色社会主义思想为指导，深入贯彻落实党的十九大精神和新发展理念，紧紧围绕建设世界一流综合性国际能源公司目标，坚持党对国有企业的领导，坚持稳中求进工作总基调，坚持稳健发展方针，坚持资源、市场、国际化和创新战略，大力推动党的建设全面加强、主营业务稳健发展、企业形象持续提升、石油精神传承弘扬，把深化改革贯穿始终，加快质量变革、效率变革、动力变革，不断增强公司综合实力和全球竞争力，为决胜全面建成小康社会、全面建设社会主义现代化国家做出积极贡献。

- 到2020年，世界一流综合性国际能源公司建设迈上新台阶。
- 到2035年，全面建成世界一流综合性国际能源公司。
- 到21世纪中叶，世界一流综合性国际能源公司的地位更加巩固。

2. 中国石油化工集团有限公司

中国石化是1998年7月国家在原中国石油化工总公司基础上重组成立的特大型石油石化企业集团。目前，公司是中国最大的成品油和石化产品供应商、第二大油气生产商，是世界第一大炼油公司、第二大化工公司，加油站总数位居世界第二，在2018年《财富》世界500强企业中排名第3位。

中国石化的主营业务是实业投资及投资管理。包括石油、天然气的勘探、开采、储运（含管道运输）、销售和综合利用；煤炭生产、销售、储存、运输；石油炼制；成品油储存、运输、批发和零售；石油化工、天然气化工、煤化工及其他化工产品的生产、销售、储存、运输；新能源、地热等能源产品的生产、销售、储存、运输；石油石化工程的勘探、设计、咨询、施工、安装；石油石化设备检修、维修；机电设备研发、制造与销售；电力、蒸汽、水务和工业气体的生产销售；技术、电子商务及信息、替代能源产品的研究、开发、应用、咨询服务；自营和代理有关商品和技术的进出口；对外工程承包、招标采购、劳务输出；国际化仓储与物流业务等。

中国石化的企业使命是为美好生活加油。企业使命表明公司存在的根本目的和理由。中国石化坚持把人类对美好生活的向往当作企业发展的方向，致力于提供更先进的技术、更优质的产品和更周到的服务，为社会发展助力加油；坚持走绿色低碳的可持续发展道路，加快构建有利于节约资源和保护环境的产业结构和生产方式，为推进生态文明建设做贡献；坚持合作共赢的发展理念，使公司在不断发展壮大的同时，为各利益相关方带来福祉。

中国石化的企业愿景是建设成为人民满意、世界一流的能源化工公司。企业愿景是企业的长远发展目标，表明企业发展方向和远景蓝图。为实现上述愿景，中国石化将致力于以下四方面的实践。

（1）致力于成为可持续发展企业。全面实施"价值引领、创新驱动、资源统筹、开放合作、绿色低碳"发展战略，迅速适应环境变化，加快转方式调结构、提质增效升级，使公司在已领先的竞争领域和未来的经营环境中努力保持持续的盈利增长和能力提升，保证公司长盛不衰。

（2）致力于成为利益相关方满意企业。更加突出技术进步和以人为本，努力提供优质的产品、技术和服务，展现良好的社会责任形象，让员工、客户、股东、社会公众以及业务所在国（地区）的民众满意，努力成为高度负责任、高度受尊敬的卓越企业。

（3）致力于成为绿色高效能源化工企业。以能源、化工作为主营方向，做好战略布局和业务结构优化，在发展好传统业务的同时，不断开发和高效利用页岩气、地热、生物质能等新兴产业。开发绿色低碳生产技术，研发生产环保新材料，促进煤炭资源清洁化利用，努力成为绿色高效的能源化工企业。

（4）致力于成为世界一流企业。世界一流企业不仅需要一流的规模，更需要一流的质量和效益，一流的企业文化管理和品牌形象，以及一流的市场化、国际化竞争能力。中国石化要对照世界一流企业的标准，通过艰

苦不懈的努力，成为治理规范、管理高效、文化先进、市场化程度高、国际化经营能力强、拥有世界一流技术、人才和品牌的先进企业。

中国石化的核心价值观是人本、责任、诚信、精细、创新、共赢。企业价值观是全体员工共同遵循的，在企业制定战略和进行生产经营行为时必须坚守的原则和标准。

（1）人本——以人为本，发展企业。从广大客户和社会公众的需要出发，确定企业发展方向，研发一流产品，提供一流服务。把员工作为企业发展的主体力量，为员工全面发展创造条件，让员工生活得更加幸福。

（2）责任——报国为民，造福人类。继承弘扬"爱我中华、振兴石化"的企业精神，切实履行好国有企业的经济、政治和社会责任。同步贡献业务所在国（地区），履行好相关的经济、法律和社会责任。全体员工坚守"有岗必有责，上岗必担责"，为企业发展拼搏奉献。

（3）诚信——重信守诺，合规经营。把信用立企作为企业的发展之基，依法经营，规范运作，做到"每一滴油都是承诺"，为企业树立良好品牌形象。

（4）精细——精细严谨，止于至善。以严格的要求和一丝不苟的态度，养成精细严谨的工作作风，追求生产上精耕细作、经营上精打细算、管理上精雕细刻、技术上精益求精，努力提升生产经营管理水平。

（5）创新——立足引领，追求卓越。坚持创新驱动，把发展动力转到依靠创新驱动上来，大力推进科技创新、管理创新和商业模式创新，引领市场发展，打造行业标杆，成就卓越品质。

（6）共赢——合作互利，共同发展。坚持开放包容、精诚合作、互惠和谐。遵循和尊重业务所在国（地区）法律法规、文化习俗，汲取、融汇合作方的优秀文化和先进经验。帮助客户提升价值，企业发展惠及周边社区民众，与利益相关方共同发展、互利共赢。

中国石化的企业作风是严、细、实。企业作风是企业在长期的生产经营活动中形成的工作风气，是企业内质的外在表现。中国石化坚持弘扬"苦干实干""三老四严"等石油石化优良传统，将"严细实"贯穿到企业经营管理的全过程。

严："严字当头"，对待工作，有严格的要求、严密的组织、严肃的态度、严明的纪律。

细："细字当先"，工作中要始终拿着"放大镜"，对每个节点、每个工序、每个需要检查或注意的地方，一丝不苟，一点一点去做好过程控制和节点控制。

　　实："实字当家"，坚持当老实人、说老实话、办老实事，踏踏实实工作，清清白白做人，静下心来谋发展，沉下身子做事情。

 拓展阅读

　　2018 年是改革开放 40 周年，也是中国石化成立 35 周年。35 年来，在改革开放的大潮中，中国石化始终以改革开放为动力，进行了许多探索和奋斗，推动公司跃居世界 500 强企业第三位，成为具有全球影响力的上中下游一体化能源化工公司。中国石化 35 年来的发展壮大，是改革开放 40 年我国发生翻天覆地变化的一个生动缩影，是党中央、国务院关于国有企业改革发展一系列方针政策落地见效的生动展示。

　　党的十九大要求"培育具有全球竞争力的世界一流企业"。中国石化认真贯彻落实党的十九大精神，以习近平新时代中国特色社会主义思想为指导，将用"两个三年"和"两个十年左右"时间，分步推进世界一流企业建设。即：到 2020 年决胜全面可持续发展，2023 年迈上高质量发展阶段，2035 年前建成世界一流能源化工公司，21 世纪中叶前成为基业长青的世界一流能源化工公司。

　　坚持全面可持续发展，走在高质量发展前列。高质量发展，就是能够很好满足人民日益增长的美好生活需要的发展，是体现新发展理念的发展。当前，全球能源格局深刻变化，能源革命方兴未艾，新材料产业前景广阔，科技进步日新月异，迫切需要我国能源化工企业维护国家能源安全和产业安全，满足人民美好生活需要，在变革调整中把握主动、赢得未来。我们将落实新发展理念，坚持高质量发展，顺应全球产业分工调整大势，深化供给侧结构性改革，统筹能源、炼油和销售、化工和材料、资本和金融各业务板块发展，坚定不移迈向产业链、价值链中高端，坚定不移做强做优做大实体经济。要强化红线意识，始终绷紧安全这根弦，实施"绿色企业行动计划"，确保安全发展、绿色发展。要充分激发科技工作者的创造性，推动上中下游一体化、产销研用一体化贯通式创新，以"十年磨一剑"的韧劲攻克一批关键核心技术，以信息化智能化为杠杆培育新动能，加快增长动力转换，支撑引领高质量发展。要加快解决在长期发展中积累的矛盾和问题，做好防范风险、处僵治困，确保企业行稳致远。

3. 中国海洋石油集团有限公司

中国海油是中国国务院国有资产监督管理委员会直属的特大型国有企业（中央企业）。自1982年成立以来，中国海油通过成功实施改革重组、资本运营、海外并购、上下游一体化等重大举措，实现了跨越式发展，综合竞争实力不断增强，保持了良好的发展态势，由一家单纯从事油气开采的上游公司，发展成为主业突出、产业链完整的国际能源公司，形成了油气勘探开发、专业技术服务、炼化销售及化肥、天然气及发电、金融服务、新能源等六大业务板块。2018年，中国海油在《财富》世界500强排行榜中排名第87位。

企业文化是企业的灵魂，是企业发展的力量源泉。中国海油顺应全球能源环境变化趋势，迎接新挑战，创造新机遇，充分发挥企业文化的引领作用，传递压力增强信心，统一思想凝聚力量，扎实推进企业文化建设，全力保障生存发展。

中国海油的公司愿景是贡献不竭能源、创造美好生活。

中国海油的发展目标是2020年，基本建成国际一流能源公司；2030年，全面建成国际一流能源公司。

中国海油的经营理念是以人为本、担当责任、和合双赢、诚实守信和变革创新。

（1）以人为本。从关注和满足人的需求出发，通过制度安排做到尊重人的价值，提升人的素质，发挥人的能力，保障人的权益，凝聚人的心气，使人与企业共同发展。

（2）担当责任。公司竭力为国家发展提供优质能源，为社会进步提供强力支持；坚持科学发展观和走可持续发展道路，实现经济效益、社会效益和环境效益的和谐统一。员工以一流的素质和业绩为公司及社会创造价值，具有符合社会道德要求的正义感和责任心，永远对客户负责，对公司负责，对个人行为负责。

（3）和合双赢。从长远发展的角度思考和讨论问题，寻求互惠互利的合作方案，通过资源整合，优势互补，和气共生，发挥潜能，达到资源的最佳配置、组织的最优组合、人才的最好利用、价值的最大实现，使得利益关联各方都有满意的结果。

（4）诚实守信。公司在经营过程中讲信用，守承诺，公开透明，诚实不欺，在不损害社会利益和其他相关方利益的前提下，追求公司价值最大化。员工品质优良，行为正派，不欺瞒，不做假，有良好的职业操守和荣誉感。

（5）变革创新。培植创造素质和开拓能力，吸收新信息、新知识、新观念，转换思维角度，突破成规局限，采用超前方式和措施，建立先进理念和体系，创造最好技术和工艺，开创一流业绩和局面。

图4-7为中国海油的海上钻井平台。

图4-7　海上钻井平台

4. 中国中化集团有限公司

中国中化集团有限公司为国有大型骨干中央企业，已26次入围《财富》全球500强。中化集团主业分布在能源、农业、化工、地产、金融五大领域，是中国四大国家石油公司之一，最大的农业投入品（化肥、种子、农药）一体化经营企业，领先的化工产品综合服务商，并在高端地产酒店和非银行金融领域具有较强的影响力。2018年，中国中化集团有限公司在《财富》世界500强排行榜中排名第98位。

中国中化的企业文化结构如图4-8所示。

中国中化的价值理念是科学至上。

（1）求真——不忘初心、牢记使命，树立远大理想、坚定共同信念，以科学真理指导实践。

（2）求是——实事求是、尊重客观，不唯上、不唯书、只唯实，以科学精神探索未来。

（3）求变——突破传统、拥抱变革，通过改革创新推动转型升级，以科学理念指引发展。

（4）求进——与时俱进、创造价值，用创新成果造福社会，以科学技术改变世界。

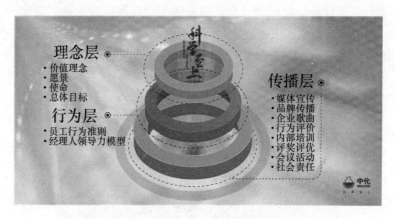

图 4-8 中化集团企业文化

中国中化的集团愿景是行业领先，受人尊敬。

（1）行业领先——在技术水平、产品组合、商业模式、管理体系等方面树立行业标杆，形成强大的市场竞争力、产业领导力和社会影响力，不断引领行业变革、促进产业升级、推动社会进步。

（2）受人尊敬——创造新物质、新技术、新环境、新生活、新公司，在提升企业自身价值的同时为国民经济与社会发展做出贡献，充分履行企业公民的社会责任，赢得社会的广泛认可与尊敬。

中国中化的集团使命是创新成长、卓越管理。

集团要奉献一流产品与服务；为客户、股东、员工创造最大价值；促进社会可持续发展。

（1）创新成长——打造集创新主体、创新方式与创新文化于一体的"中化创新三角"，让创新成为企业上下的思维方式、工作方法和生存方式。

（2）卓越管理——构建适应企业创新发展的组织架构和管理体系，更好地推动战略实施和价值创造。

（3）奉献一流产品与服务——在新材料、新能源、生物、环保等领域，以领先技术奉献一流产品与服务，不断满足大众对美好生活的向往。

（4）为客户、股东、员工创造最大价值——通过诚信经营、互利共赢获得客户信赖，通过良好的业绩和成长性获得股东信赖，通过企业与员工的共同发展获得员工信赖，实现客户、股东、员工价值最大化。

（5）促进社会可持续发展——成为行业内资源节约、环境友好的典范，实现企业发展与社会发展、环境发展的和谐统一。

员工行为准则是中化人做人做事应当遵循的基本原则和价值判断标准，体现了企业所尊崇、所弘扬的价值取向。中国中化的员工行为准则包括诚信、专业、创新、合作。

（1）诚信——提倡出以公心，忠于职守，遵规守纪，廉洁从业，重信守诺，言行一致，敢讲真话，敢于较真。

（2）专业——提倡相信科学，尊重规律，执着钻研，精益求精，节约成本，提升效率，关注风险，重视安全。

（3）创新——提倡大胆尝试，敢为人先，打破常规，拥抱变革，永不满足，持续改进，鼓励成功，宽容失败。

（4）合作——提倡服从大局，融入团队，坦诚沟通，开放包容，主动担当，积极作为，与人为善，互利共赢。

4.1.3　进一步促进石油企业文化发展

在了解了我国四大石油巨头企业的企业文化之后，我们对我国石油企业文化有了进一步的认识。实施石油企业文化战略，是实现石油企业持续发展的一项长期任务，是一个复杂的系统工程。在未来发展中，石油企业将继续把文化战略作为重要的发展战略之一，不断丰富和完善具有石油特色的企业文化，让优秀的石油文化成为企业发展的不竭动力。

进一步推进中国石油企业文化建设的指导思想是：以邓小平理论和"三个代表"重要思想为指导，全面贯彻科学发展观以人为本的管理思想，认真贯彻落实新时代中国特色社会主义思想，在继承中国石油优良传统的基础上，积极吸收借鉴现代企业管理的优秀成果，努力建设具有鲜明时代特征和石油特色的企业文化，全面推进具有国际竞争力的跨国企业集团建设。

一是必须坚持以人为本。以人为本是现代企业经营管理最核心的理念，是中国石油企业文化建设的切入点和着力点。要把人的因素摆在企业管理的突出位置，充分调动广大职工的积极性、创造性，按照市场经济规律与时代要求进一步规范企业和职工的行为，树立一流的企业形象。

通过合理调整利益关系，把各方面的积极因素凝聚到有利于集团公司持续发展的方向上来。同时，企业生产经营的目的是为了满足人的需要，因此要按照市场经济的要求，努力满足客户的不同需求，妥善处理与各种利益相关者的关系，这是集团公司在市场竞争中取得成功的重要因素。

二是必须服务于企业的发展。企业文化建设的目的是推动企业的长远发展。因此集团公司企业文化建设必须紧紧抓住发展这个第一要务，从企业的发展目标、组织结构、管理形式、经营战略、生产经营特点和职工队伍状况的实际出发，并考虑外部政治、经济、文化环境等诸方面因素的影响，有的放矢地进行企业文化的设计和组织实施，既体现先进性、导向性要求，又具有针对性和可操作性，切实推进集团公司的持续发展。

三是必须坚持重在创新。既要继承中国石油企业文化的优良传统，又要结合当前改革和生产经营的实际，更要着眼于作为跨国企业集团未来发展的需要，积极借鉴国内外先进的管理思想和企业文化的优秀成果，用发展的观点、创新的思维对现有的企业文化进行整合、提炼和创新，进一步弘扬时代精神，突出石油企业特色，使企业文化建设更加符合时代发展和形势任务的要求。

四是必须坚持重在建设。要以深入宣传贯彻统一的企业精神、核心经营管理理念及公司标识为突破口，以企业文化建设带动和推进职工队伍的观念转变和企业的体制创新、机制创新、管理创新与科技创新，不断提高企业经营管理水平，促进经济效益的提高。要充分调动积极性，发挥创造性，努力促进职工队伍的全面建设。要进一步加强企业文化阵地建设，积极构建宣传企业发展成就的平台，不断提高中国石油企业在国内外的知名度和美誉度。

4.2　石油高校文化

前面我们已经了解了石油文化具体形态中的企业文化。在整个中国石油文化系统中，与在校学生联系更紧密的，占据相当大一部分的就是中国石油的高校文化。中国石油石化高校承担着为石油石化企业培养人才的重任。

当校园的林荫路上飘起《我为祖国献石油》的旋律，当在开学教育第一课上听到关于石油精神的阐释，当暑假时打好背包奔赴油田进行社会实践……石油院校里独特的"油味儿"，让身处其中的学子心中升腾出"我是石油人"的豪情。石油文化熏陶着石油学子，造就了石油院校独特的校园文化。

校园文化是指在高校校园区域中，由学校管理者和广大师生员工在教育、教学、管理、服务等活动中创造形成的一切物质形态、精神财富及其创造形成过程的总和。校园文化由物质文化、制度文化和精神文化构成。

4.2.1 校园物质文化建设

营造校园环境建设，是现代教育建造优良育人环境非常有效的途径之一。学校造就人才，绝不能仅仅满足于对学生的知识灌输和技能、技巧的训练，而应在重视知识、技能的同时，以更大的热情、更多的精力对学生进行情感的熏陶、性格的培养。对于大学生来说，他们的人生观、世界观正经历着自我觉醒、自我确立的过程。因此，良好的校园文化氛围对帮助大学生们确立高尚的人生理想、健康的人生哲学、乐观的人生态度都是极其有益的。校园里的一尊雕塑、一幅壁画、一株花草，只要安置合宜，就可以收到很好的艺术熏陶效果。例如：静置于西安石油大学校园内的铁人王进喜的塑像（图 4-9），石油学子们生活其中，每天走过铁人身边，会有意无意地追忆铁人生平，

图 4-9 王进喜像

缅怀铁人事迹、继承铁人遗志、弘扬铁人精神，在思想观念、心理素质、行为方式、价值取向等诸多方面都受到熏陶、感染，而这种心灵的塑造，完全不同于知识技能的培养，它只能靠校园物质文化环境的营造形成心灵的感应、精神的升华、观念的更新，从而实现大学时代"石油人"性格的塑造。

石油高校校园物质文化建设日益优化合理。校园的整体规划更加科学，布局更趋合理。校园环境整洁美观，校园文化景点越来越带来审美体验，并富含知识力量、道德教育价值。

学校内的标志性建筑、雕塑、长廊、校园景点、花苑等引人注目，彰显石油高校特色，但还应继续探索、建设更具石油特色的校园物质文化。图 4-10 为中国石油大学校园内的创意雕塑。

4.2.2 校园精神文化建设和制度文化建设

石油院校不仅要在培养石油精英人才、石油工程人才，开展石油科技创新方面发挥重要作用，也要在传承、弘扬石油文化、石油精神上有所作为。同时，石油高校形成的一系列制度文化建设也体现了石油精神和石油

图4-10 中国石油大学雕塑——创造太阳

文化。

校园文化为学生的成长和教职员工的工作、学习提供了良好的外部条件，人们生活在其中受到熏陶与感染，唤起对美好事物和理想的追求，进而激发起创造更美好环境的热情和行动。校园文化对学校师生的心理、行为、意识等发挥着不容忽视的作用。

校园文化具有明显的凝聚功能、导向功能、激励功能、约束功能、辐射功能、娱乐功能。它与课堂教学文化一起共同服务于高校人才的培养需要，对于加强大学生思想政治教育、保证大学生健康成长、实现人才培养目标具有重要意义。

而在石油类院校，除了这些特点要素外，又添加了石油的因素到校园文化当中，因此，加强石油高校校园文化建设，创建积极向上的校园文化环境，对于石油高校学生的健康成长和培养高素质石油人才、推动石油科技的发展也有着重要的意义。

纵观中华民族史，中国石油文化是从我国现代工业发展过程中萃取出的，并对整个行业乃至社会产生深远影响的奋斗精神。作为石油高校，传承的正是这些极为珍贵的财富——为国争光、为民族争气的爱国主义精神，独立自主、自力更生的艰苦创业精神，讲究科学、"三老四严"的求实精神，胸怀全局、为国分忧的奉献精神。这些，是几代石油人孕育铸就的中国石油文化的魂之所在，更是中华民族传统文化的重要内容。

石油高校的校史是一部"因油而生、因油而兴、因油而强"的建设发展史，汇聚了石油事业发展的缩影，是石油人数十年积淀下来的"活文化"。它涉及的人物、事件生动具体，将大学生置身于既遥远又熟悉的背景下，通过激发大学生的认同感、自豪感，达到效仿榜样的教育作用。以校史教育为抓手，产生共鸣，凝聚人心，将"石油魂""中国梦"内化为大学生个人的内在责任，形成担当意识，变成强大的精神动力，从而强化石油文化育人导向，让石油文化成为"中国梦"教育机制的有效补充。石油高校大多建立在我国大油田所在的城市，特有的地域特色使石油高校的校园文化活动有了更多的选择。多数石油高校在当地油田建立了大学生实习实践基地、大学生课外文化活动基地等活动场所，使大学生有机会近距离地深入到油田基层，不仅使他们体验了生活，开阔了视野，增长了见识，还丰富了他们的课外实践。

如中国石油大学通过开设阳光讲坛、企业家论坛等，邀请石油企业家走进校园，为学生介绍石油工业发展形势，讲述他们在海内外践行石油精神的辉煌奋斗历程，对激励大学生成长成才，引导大学生扎根基层起到了重要作用。

东北石油学院还将大庆市"石油科技博物馆""铁人王进喜纪念馆""油田历史陈列馆"等设立为大学生爱国主义教育基地，让更多的大学生接受爱国主义教育，增强他们的爱国热情，使"爱国、创业、求实、奉献"的大庆精神能够深入到他们的心中。

石油高校校园文化建设必须坚持遵循指导思想。首先，必须坚持以马克思列宁主义、毛泽东思想、邓小平理论及"三个代表"重要思想、科学发展观、习近平新时代中国特色社会主义思想为指导，坚持社会主义先进文化的发展方向，遵循文化发展规律，借鉴、吸收人类文明的有益成果，牢牢掌握意识形态工作领导权。努力建设体现社会主义特点、时代特征和石油高校特色的校园文化，不断满足大学生日益增长的精神文化需求，为培养社会主义合格建设者和可靠接班人，培养"学石油、爱石油、献身石油"的石油人才，提供强大的精神动力，使石油高校成为发展中国特色社会主义先进文化的重要基地、示范区和辐射源。

其次，要培育和践行社会主义核心价值观，创造良好的校园人文环境。社会主义核心价值观是当代中国精神的集中体现，也是石油精神核心内容的体现，应发挥社会主义核心价值观对大学生思想教育、校园文化创建、精神文化产品创作传播的引领作用，加强大学生科学文化素质和思想道德素质建设，帮助师生员工树立正确的世界观、人生观和价值观，培养高素质的石油人才，推动石油科技的发展。

再次，要与国家发展和教育改革的实际相适应。校园文化建设是我国社会主义精神文明建设的一个重要组成部分，其发展程度、速度必然受到我国经济、政治、文化发展状况的制约。为加强石油高校校园文化建设，应弘扬以大庆精神、铁人精神为具体内容的民族精神和时代精神，强化在校学生的社会责任意识、奉献意识。

最后，要与学校总的建设相适应。我们必须正确认识高校校园文化建设，认识校园文化建设在校园总的建设中的地位。校园文化建设是学校建设不可缺少的部分，它反映一个学校的精神风貌，关系到学校能否培养满足社会主义现代化建设需要的合格人才。

要充分认识校园文化建设的艰巨性、长期性。校园文化建设是一项综合性的工作，涉及学校各个部门，因此，必须把校园文化建设作为一项重要工作长抓不懈。

4.2.3　中国石油高校校园文化

石油文化润物无声，石油精神传于无形。在浓厚石油特色的校园文化中，一代代石油学子受之熏陶，感之力量，在学成后投身我国石油工业的建设事业，或成为前进的精神旗帜，或成为领军的技术先锋，或成为坚固的中坚力量，或成为默默奉献的一颗螺丝钉。

石油院校是行业管理时期隶属于石油系统的专业性中高等院校的统称，包括直接隶属于石油部的院校如中国石油大学（北京）、中国石油大学（华东）、东北石油大学、西南石油大学、长江大学、西安石油大学、常州大学、辽宁石油化工大学、重庆科技学院、广东石油化工学院、承德石油高等专科学院等，也包括隶属于各油田的院校如渤海石油职业学院、克拉玛依石油职业学院、天津石油职业技术学院等。下面将要重点介绍几所学校。

1. 中国石油大学（北京）

中国石油大学（北京）一校两地（北京、克拉玛依），北京昌平校区（图4-11）坐落在风景秀丽的军都山南麓，北京校区校园占地面积700余亩$^{\ominus}$；克拉玛依校区位于新疆维吾尔自治区克拉玛依市，校园占地面积7000余亩。学校是一所石油特色鲜明、以工为主、多学科协调发展的教育

　　$\ominus$　1亩$=666.67\mathrm{m}^2$，全书同。

部直属的全国重点大学，是设有研究生院的高校之一。1997 年，学校首批进入国家"211 工程"建设高校行列；2006 年，成为国家"优势学科创新平台"项目建设高校。2017 年，学校进入国家一流学科建设高校行列，全面开启建设中国特色世界一流大学的新征程。

经过 60 多年的建设发展，学校形成了石油特色鲜明，以工为主、多学科协调发展的学科专业布局。石油石化等重点学科处于国内领先地位，并在国际上形成了一定影响。根据 ESI 2018 年 5 月更新的数据，学校有 4 个学科进入 ESI 排行前 1%，分别是化学（Chemistry）、工程学（Engineering）、材料科学（Materials Science）和地球科学（Geosciences）。围绕石油石化产业结构，构建起由石油石化主体学科、支撑学科、基础学科和新兴交叉学科组成的石油特色鲜明的学科专业布局，实施了"攀登计划""提升计划"和"培育计划"，分别建设石油与天然气工程、地质资源与地质工程等石油石化优势学科，化学、材料科学与工程等基础支撑学科，非常规油气、新能源、海洋油气工程等新兴交叉学科。

学校始终把人才培养作为根本任务，坚持"人才培养质量是学校生命线"的理念。半个多世纪以来，学校为国家培养了近 20 万名优秀专门人才，为国家石油石化工业的发展奠定了人才基础，被誉为"石油人才的摇篮"。学校现有在校全日制本科生 7676 人、硕士研究生 5620 人、博士研究生 1253 人、留学生 455 人，在校生总数 1.5 万余人。[⊖]毕业生受到社会和用人单位的普遍欢迎，毕业生就业率持续保持高位。

学校坚持把加强和改进党建与思想政治工作作为学校持续快速健康发展的坚强保证，把坚持正确的政治方向贯穿于学校工作的各方面，贯穿于人才培养的全过程。"实事求是、艰苦奋斗"的校风，"勤奋、严谨、求实、创新"的学风，"为学为师，立德立言"的教风，"厚积薄发，开物成务"的校训，以及"实事求是、艰苦奋斗、爱国奉献、开拓创新"的石大精神，是石大文化的精髓。2007 年，学校以优秀成绩顺利通过北京市党建和思想政治工作评估，"肩负历史使命，培育石油英才"获得单项奖；2014 年，获得北京市党的建设和思想政治工作先进普通高等学校提名奖。

"厚积薄发，开物成务"是学校的校训，站在历史的新起点上，中国石油大学全校上下凝心聚力，向着"石油石化学科领域世界一流的研究型

⊖ 2017 年数据。

大学"的宏伟目标阔步迈进。

图 4-11　中国石油大学（北京）

2. 中国石油大学（华东）

中国石油大学是教育部直属全国重点大学，是国家"211 工程"重点建设和开展"985 工程优势学科创新平台"建设并建有研究生院的高校之一。2017 年，学校进入国家"双一流"建设高校行列。中国石油大学（华东）是教育部和五大能源企业集团公司、教育部和山东省人民政府共建的高校，是石油石化高层次人才培养的重要基地，被誉为"石油科技、管理人才的摇篮"，现已成为一所以工为主、石油石化特色鲜明、多学科协调发展的大学。

1953 年，国民经济建设急需石油资源，石油工业发展急需专业人才。在这种形势下，以清华大学石油工程系为基础，汇聚北京大学、天津大学、大连工学院（现大连理工大学）等著名高校的相关师资力量和办学条件，组建成立了新中国第一所石油高等学府——北京石油学院，隶属燃料工业部，是当时北京著名的八大学院之一。1960 年 10 月，学校被确定为全国重点高校。1969 年，学校迁至胜利油田所在地——山东东营，更名为华东石油学院。1981 年 6 月，在北京石油学院原校址内成立研究生部。1988 年，学校更名为石油大学，逐步形成山东、北京两地办学格局。1997 年，石油大学正式进入国家"211 工程"首批重点建设高校行列。2000 年，石油大学由中国石油天然气集团公司划归教育部。2000 年 6 月，经教育部批准，学校成立研究生院。2003 年 10 月，教育部与国家四大石油公司签署共建石油大学协议。2004 年 8 月，教育部批准石油大学（华东）立项建设青岛校区。2005 年 1 月，学校更名为中国石油大学。2005 年 8 月，教育部与山东省人民政府签署共建中国石油大学（华东）协议。2006 年10 月，学校以"优秀"成绩通过教育部本科教学工作水平评估。2010 年，学校成为国家首批实施"卓越工程师教育培养计划"的 61 所试点高校之一。2014 年 4 月，教育部与中国石油天然气集团公司、中国石油化工集团公司、中国海洋石油总公司、神华集团有限责任公司、陕西延长石油（集团）有限责任公司等五大能源企业集团公司签署共建中国石油大学协议。

学校坚持开放办学，不断拓展社会服务领域和发展空间，与国内 60 多家地方政府、大型企事业单位签署了全面合作协议。学校重视国际交流与合作，已与美国、法国、加拿大、澳大利亚、英国、俄罗斯等 31 个国家和地区的 140 余所高等院校和学术机构建立了实质合作交流关系。聘请了近百名著名专家、知名人士为学校兼职教授、名誉教授和客座教授。近年来，国际合作交流项目逐步增加，呈现出良好的发展前景。

建校 60 多年来，学校形成了鲜明的办学特色，办学实力和办学水平不断提高。在新的历史时期，学校坚持特色发展，开放发展，和谐发展，正在向着"石油学科世界一流、多学科协调发展的高水平研究型大学"的办学目标奋力迈进。

拓展阅读

"求真求实，乃武乃文"体现了一种历史传承关系，折射出石油大学的办学理念和培养目标。

"惟真惟实"自身内蕴着一种追求真理，全面发展的理念和精神，这也正是中国石油大学（华东）所一直坚持和追求的理想和目标。半个世纪以来，学校的几任校领导曾在不同场合，先后提出过学校的发展目标和培养模式，尽管表述不尽相同，但是其基本内涵和精髓与"惟真惟实"是一致的。"惟真惟实"所蕴含的精神理念不仅是战胜困难，取得辉煌的力量之源，更是学校未来发展的方向和行动指南。同时，校训内涵丰富，立意高远，生动体现了石大人艰苦创业、追求卓越的历史。这一理念精神将在全体石大人中传承延续，代代相传，历久弥新。

"惟真惟实"是石大精神的集中体现。

中国石油大学扎根于中国文明的沃土，形成了石油大学深厚的文化底蕴，塑造了石大人诚恳朴实、坚毅自强、开拓创新的品格，铸造了璀璨夺目的石大精神。"惟真惟实"是中石油大学实事求是、艰苦奋斗的传统精神的外化和延伸。它蕴含着自强不息、与时俱进、追求真理的精神，体现着独有的时代气息。这一精神一旦植根于具有深厚文化底蕴的中国石油大学，就会形成以它为核心的，囊括人文精神、科学精神、文化传统的石大精神。将"惟真惟实"确立为校训极大地促进石大精神的构建，增强学校的凝聚力和影响力，奠定学校改革与发展的思想、理论和文化基础，推动学校不断向前发展。

"惟真惟实"海涵包容，厚重博大，易传易记。

"惟真惟实"表达简洁直白，但意蕴深远、极富哲理。"惟真惟实"既体现出一种追求真理的科学精神，又体现了学校"以德育人"的人本观念，融科学精神与人文精神于一体，既有和谐之美，又具全面发展之意，既有习承传统之本意，又兼具开拓进取之精神。"惟真惟实"将校风、学风和石大精神凝练于其中，集学校发展目标和办学理念和培养模式于一身，既有内敛之力，又具外显之效，意境深远，回味悠长。

"惟真惟实"四字校训虽表达简洁，但寓意深刻，涵盖了教育思想、办学理念、科学精神、品格修养等各个方面。新校训的确立极大地激励和团结中国石油大学广大师生员工和校友，凝聚全体石大人的斗志，勤奋学习，奋发自强，推动中国石油大学走向新的辉煌。

3. 东北石油大学

东北石油大学（原名东北石油学院、大庆石油学院）位于黑龙江省大庆市，创建于1960年，是一所以工学为主，工、理、管、文、经、法、教育、艺术多学科协调发展的高校。学校1978年被确定为88所全国重点大学之一，2000年2月划转为中央与地方共建、以黑龙江省管理为主的普通高等院校，是黑龙江省与中国石油天然气集团有限公司、中国石油化工集团有限公司、中国海洋石油集团有限公司共建高校，黑龙江省重点建设的高水平大学。

学校占地169.14万平方米，其中位于河北省秦皇岛市的分校校区占地33.30万平方米；教学科研仪器设备总值超过5亿元；建有万兆级校园网，图书馆藏图书255.05万册，有数据资源16种；建有国家级大学科技园；有科研平台37个，其中，省部共建国家重点实验室培育基地1个、国家工程实验室（研究室）1个、省部共建教育部重点实验室1个、省重点实验室7个、省哲学社会科学重点研究基地1个、省工程技术研究中心1个；有国家级实验教学示范中心1个，国家级虚拟仿真实验教学中心1个，省级实验教学示范中心6个，省级虚拟仿真实验教学中心1个；有校内外实习基地158个，其中，国家级工程实践教育中心3个，国家级大学生校外实践教育基地2个、省级1个。

办学50多年来，学校秉承"艰苦创业，严谨治学"的校训和"严谨、朴实、勤奋、创新"的校风，形成了"坚持用大庆精神办学育人"和"全方位多层次产学研合作办学"两个鲜明特色。时任国务院总理李鹏为学校题词"用大庆精神育人，培养跨世纪人才"。办学育人成就得到了社会各界的充分认可和媒体的广泛关注，赢得了良好的社会声誉。

办学50多年来，学校培养各类人才近16万人，毕业生就业率始终保持在省内高校前列，涌现出了以傅成玉、王玉普、胡文瑞、沈殿成、何树山、刘合、段慧玲、高金森等为代表的许多优秀企业家、院士专家、党政领导杰出校友和一大批严谨务实、无私奉献、投身基层、报效祖国的立足岗位建功立业的优秀人才。

今天，东北石油大学按照"以人为本、科学发展、质量立校、特色创优"的办学理念，求真务实，开拓创新，为建设以工为主、多学科协调发展、石油石化学科专业优势突出、办学特色鲜明、国内外知名的高水平大学而努力奋斗！

拓展阅读

校　歌

叩响荒原，唤醒油藏，唤醒油藏，我们来自四面八方。
艰苦创业，严谨治学，严谨治学，大学精神在干打垒中孕育生长。
石油的召唤，知识的力量，大漠乘风，沧海踏浪，
石油的召唤，知识的力量，爱在心中，爱在远方。
采撷地火，创造太阳，创造太阳，我们点燃青春理想。
严谨朴实，勤奋创新，勤奋创新，大庆精神为东油学子插上翅膀。
石油的召唤，知识的力量，大漠乘风，沧海踏浪，
石油的召唤，知识的力量，爱在心中，爱在远方。
石油的召唤，知识的力量，大漠乘风，沧海踏浪，
石油的召唤，知识的力量，爱在心中，爱在远方，爱在远方！

4. 西南石油大学

西南石油大学是新中国创建的第二所石油本科院校，是一所中央与地

方共建、以四川省人民政府管理为主的高等学校。2013 年，学校入选"国家中西部高校基础能力建设工程"，成为入选该工程的 100 所高校之一；2017 年 9 月，入选为国家首批"双一流"世界一流学科建设高校。

20 世纪 50 年代中后期，我国石油工业相当落后，远远不能满足国家建设的需要，引起党和国家高度关注。1958 年 3 月，位于南充东观、广安武胜、遂宁大英的三口探井喷出高产油流，震动全国，石油工业部部长余秋里坐镇南充，打响了川中石油大会战。为了加快开发四川石油天然气资源，也为西南协作区发展石油天然气工业培养技术干部，国家决定成立第二所石油高校，校址就设在川中石油会战指挥部所在地川北重镇南充市。

学校现有 19 个教学学院（部）、1 个工程训练中心。学科专业涵盖理学、工学、管理学、经济学、文学、法学、教育、艺术 8 个学科门类，本科具有招生资格的专业 68 个（其中 2017 年本科招生专业 62 个），有 8 个国家特色专业建设点，16 个四川省特色专业，1 个国家大学生文化素质教育基地和 11 个四川省本科人才培养基地。有 5 个一级学科博士学位授权学科，29 个二级学科博士学位授权学科，20 个一级学科硕士学位授权学科，88 个二级学科硕士学位授权学科，7 种硕士专业学位类别（包括工程硕士授权领域 16 个、工商管理硕士 1 个、翻译硕士 1 个、工程管理 1 个、法律硕士 1 个、社会工作硕士 1 个、应用统计硕士 1 个）和 8 个高校教师在职攻读硕士学位授权学科。有 4 个博士后科研流动站，1 个国家"双一流"建设学科，有 1 个一级学科国家重点学科，3 个二级学科国家重点学科，15 个省部级重点学科。有国家级教学团队 2 个，国家级实验教学示范中心 3 个，国家级虚拟仿真实验教学中心 2 个，省级教学团队 7 个。有校级及以上科技创新团队 73 个，其中，教育部"长江学者和创新团队发展计划"支持创新团队（含培育、滚动）3 个，四川省"青年科技创新研究团队资助计划"资助创新团队 18 个，四川省哲学社会科学研究团队 1 个，四川省"省属高校科研创新团队建设计划"资助创新团队 15 个，西南石油大学青年科技创新团队（含培育）41 个。石油与天然气工程一级学科在国家第三轮学科评估中排名全国第二，石油与天然气工程博士后科研流动站在 2005 年评为"全国优秀博士后科研流动站"。

今日的西南石油大学继续秉承"实事求是，艰苦奋斗"的优良传统，弘扬"为祖国加油，为民族争气"的精神，践行"明德笃志，博学创新"的校训，实施"质量立校，人才强校，学术兴校，突出特色，科学发展"的二次创业发展战略，全面深化改革，为建成以工为主，石油天然气及其配套学科世界一流、多学科协调发展的高水平能源大学和百年名校奠定坚实基础而不懈奋斗！

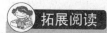

西南大学历史沿革

西南大学从 1958 年至今的校名变化和主管部门变化如表 4-1 所示。

表 4-1　西南石油大学历史沿革

时　间	校　名	主管部门
1958—1962	四川石油学院	四川省人民委员会
1962—1970	四川石油学院	中华人民共和国石油工业部
1970—1978	西南石油学院	四川省革命委员会
1978—1988	西南石油学院	中华人民共和国石油工业部
1988—1998	西南石油学院	中国石油天然气总公司
1998—2000	西南石油学院	中国石油天然气集团公司
2000—2005	西南石油学院	四川省人民政府
2005 年至今	西南石油大学	四川省人民政府

5. 长江大学

长江大学（图 4-12）是湖北省属高校中规模最大、学科门类较全的综合性大学之一，为湖北省重点建设的骨干高校，是国家"中西部高校基础能力建设工程"入选高校，湖北省"国内一流大学建设高校"，也是湖北省人民政府与中国石油天然气集团有限公司、中国石油化工集团有限公

图 4-12　长江大学

司、中国海洋石油集团有限公司共建和湖北省人民政府与国家农业部共建的高校。

学校于 2003 年 4 月经国家教育部批准，由原江汉石油学院、湖北农学院、荆州师范学院、湖北省卫生职工医学院合并组建而成。原江汉石油学院的前身为 1950 年创办的北京石油工业专科学校，1978 年开始举办普通本科教育，从 2000 年起，实行中央与地方共建，划转湖北省管理。原湖北农学院的前身是华中农学院荆州分院，始建于 1977 年，1989 年经国家教委批准为普通本科院校。原荆州师范学院的前身是 1936 年创建的湖北第四区简易师范学校，1978 年成立荆州师范高等专科学校，1999 年经教育部批准改建为荆州师范学院。原湖北省卫生职工医学院的前身是湖北省沙市卫生学校，始建于 1951 年，1977 年更名为武汉医学院荆州分院，1984 年更名为湖北省卫生职工医学院。

学校坚持开放办学，与国内 55 家大型特大型石油石化企业和 160 个县级以上政府、地方企业建立了校企（地）合作关系，是全国产学研合作教育示范单位、湖北省石油学科研究生创新基地。学校先后与美国、英国、爱尔兰、韩国、日本、俄罗斯、澳大利亚、斯里兰卡、捷克等国家和地区的近 50 所院校机构建立了协作关系，开展合作交流和专家学者互访；向美国、英国、韩国、日本、马来西亚、爱尔兰等国家和地区选派留学生；同时在加拿大、乌克兰、黑山、韩国、越南、巴基斯坦、约旦、尼泊尔、加纳等 34 个国家和地区招收来华留学生。

"雄关漫道真如铁，而今迈步从头越。"新时代、新目标、新作为，站在新的历史起点上，长江大学师生以"双一流"建设为契机，以只争朝夕、敢为人先的精神，努力践行"长大长新"校训，积极营造"求实、进取、创业、报国"的优良校风，抢抓机遇、加快发展，力争早日将学校建成优势突出、特色鲜明的高水平综合性大学。

我们如何传承石油文化？在油田勘探开发中，石油文化融入每一个生产环节中；在管道建设中，石油文化融入每一个细节中；在炼油销售过程中，石油文化融入每一个微笑中；在海外，石油文化融入每一次无私的奉献中。

石油院校培养了一批奉献石油的人，他们是石油文化最生动、最形象的符号。石油文化熏陶着石油学子，造就了石油院校独特的校园文化。"勘探油气，开采人生"的箴言被一代代石油前辈实践，并吸引着新一代石油人投身其中。而一代代学子走进石油企业，又将以石油文化为基础的校园文化带进企业。

　　石油院校与石油企业的发展息息相关，文化血脉相承。学校今天的发展，就是石油企业明天的持续发展。在石油文化与校园文化交织交融的石油院校，踏进校门，便是半个石油人。

　　石油高校肩负着为社会培养石油人才的重任，通过校园文化建设，能够为学生成长和完善知识结构、提升素质提供和谐的环境，能够用先进的文化培育人，丰富人们的精神世界，增强人们的精神力量，提升人的文化精神境界，使人拥有良好的精神风貌和高尚的道德情操，增强学校的凝聚力和创新力，促进学校的团结稳定和发展。

 思考题

　　1. 加强石油企业文化建设有什么重要的现实意义？

　　2. 中国石油高校的学生应该如何传承石油文化？

　　3. 如何看待新时代背景下的中国石油文化？

 在线测试题

　　一、不定项选择题（本题可以选择一个及一个以上的选项，请把答案填写在题后的括号内。）

　　1. 中国石油文化的具体表现形态，主要包括（　　　）。

　　A. 中国石油企业的文化形态　　　　B. 中国石油高校文化

　　C. 中国石油和中国石化的文化　　　D. 中国石油文艺

　　2. 加强我国的石油企业文化建设的必要性和重要性有（　　　）。

　　A. 是贯彻落实中国特色社会主义理论体系，尤其是以习近平总书记为核心的党中央系列讲话精神的必然要求

　　B. 是我国石油企业实现新的发展，增强国际竞争力的迫切需要

　　C. 是建设高素质职工队伍的重要途径

　　D. 是继承和发扬优良传统，大力加强精神文明建设的切实举措

　　3. 中国石油天然气集团有限公司的企业文化主要包括（　　　）。

　　A. 中国石油的企业精神：爱国、创业、求实、奉献

　　B. 企业宗旨：奉献能源、创造和谐

　　C. 经营管理的价值取向：诚信、创新、业绩、和谐、安全

　　D. 企业精神：为祖国加油，为民族争气

　　4. 校园文化是指在高校校园区域中，由学校管理者和广大师生员工在

教育、教学、管理、服务等活动中创造形成的一切物质形态、精神财富及其创造形成过程的总和。下面关于中国石油高校文化的观点，正确的有（　　）。

　　A. 中国石油高校校园文化由物质文化、制度文化和精神文化构成

　　B. 校园文化具有明显的凝聚功能、导向功能、激励功能、约束功能、辐射功能、娱乐功能

　　C. 中国石油高校文化与石油企业文化不具有关联性

　　D. 中国石油高校文化是中国石油文化的重要组成部分

　　5. 中国石油文化的文艺表现形态包括石油文学、石油歌曲、石油电影、石油音乐、石油雕塑等。其中，铁人精神是石油文学的钙质和魂灵。中国石油文学弘扬爱国主义和艰苦奋斗精神，表现石油人求实奉献的情怀，展示石油人和谐、个性的人性光芒，标志着石油作家的成熟以及近期石油文学作品的厚重。中国的石油石化企业是铁人精神培育的队伍，因此石油文学也自然而然地渗透了铁人精神。中国石油文学的精神内涵包括（　　）。

　　A. 爱国主义　　　　　　　　B. 艰苦奋斗

　　C. 求实、奉献　　　　　　　D. 和谐、个性

二、材料分析题

　　阅读下面的材料，回答题后的问题。

　　歌曲《我为祖国献石油》，以其刚毅的大庆精神、铁人精神，鼓舞激励着几代中国石油人，在大江南北传唱了几十年，几乎无人不晓。它的曲作者是我国当代著名作曲家秦咏诚。

　　1964年春天，中国音协组织全国各地音乐家去大庆油田，进行为期20天与新中国第一代石油工人朝夕相处的生活体验，沈阳音乐学院派李劫夫、秦咏诚二人前往。

　　他们与王进喜及其所在的钻井队共同生活、劳动了3天，回到招待所后，秦咏诚在大庆油田党委宣传部的歌词中，看到了薛柱国写作的《我为祖国献石油》，一时触动音乐创作的灵感，便将生活的新体验凝结成旋律，用了不到20分钟的时间，一气呵成创作出了歌曲《我为祖国献石油》。这首歌曲刚柔交织、感情炽热、乐观豪迈，洋溢着石油工人艰苦奋斗建设祖国、一往无前的精神风貌。这首歌的歌词如下：

　　锦绣河山美如画

　　祖国建设跨骏马

我当个石油工人多荣耀

头戴铝盔走天涯

头顶天山鹅毛雪

面对戈壁大风沙

嘉陵江边迎朝阳

昆仑山下送晚霞

天不怕，地不怕

风雪雷电任随它

我为祖国献石油

哪里有石油

哪里就是我的家。

红旗飘飘映彩霞

英雄扬鞭催战马

我当个石油工人多荣耀

头戴铝盔走天涯

茫茫草原立井架

云雾深处把井打

地下原油见青天

祖国盛开石油花

天不怕，地不怕

放眼世界雄心大

我为祖国献石油

祖国有石油

我的心里乐开了花

认真欣赏阅读《我为祖国献石油》这首歌曲的歌词，细细品味歌词所表达的内涵。结合这首歌曲的赏析及中国石油文化的内涵与特质，回答下面的问题；

（1）分析中石油的企业精神的基本内容及其深刻的内涵有哪些？

（2）分析西南石油大学的"西油精神"——"为祖国加油，为民族争气"包含的中国石油文化的基本精神有哪些？

第 5 章

中国石油企业文化的创新与发展

学习目标

了解中国石油企业文化创新发展的意义和动力；

明确中国石油企业文化创新发展的内外部条件；

把握中国石油企业文化创新发展的趋势和方向。

5.1　中国石油企业文化创新发展的意义和动力

每当看见研制成功的信号灯亮起时，我就会很兴奋。

——科研"痴子"刁克剑

案例

自入职27年以来，刁克剑从一名普通的钳工到成为微电子领域享誉全国的科研专家，凭借自己浓厚的兴趣爱好和坚持不懈的努力，丰富的生产实践和先进的技术，造就了今天的成就（图5-1）。他常说："在我的理解中，设计出来的不是产品，而是作品。"

他曾经是车间里一名普通的钳工，却怀着对科学技术的渴望，坚持不懈，一跃成为微电子领域享誉全国的科研专家。

图5-1　刁克剑在查看"机器人"的电路板

他完成了国内第一套专门为提高生产一线班组信息化管理水平而量身打造的班组专用管理软件"班组综合管理软件 TIS 系统"，开发出三代设备运行多功能数字化监测系统，正在进行第四代产品的开发研制工作。2014年，他又研发成功了只有徽章大小的 FDB-01 便携式硫化氢报警器，此报警器为当时世界上体积最小、重量最轻，国内灵敏度最高的本质安全型防爆便携式硫化氢报警器。

2014 年秋天，他入驻我国唯一的机器人专业技术研究院，牵头研发机器人。2015 年年底，完成了石化专用智能灭火抑爆系统——灭火抑爆机器人。此系统可以 24 小时全天候完成无人智能值守，反应速度快，动作可靠，可以将火灾爆炸事故隐患消灭在萌芽状态。

刁克剑用智慧、勤劳和汗水，为社会创造了多项科研技术成果。他所研发的"设备运行多功能数字化监测系统"通过了辽宁省新产品（新技术）鉴定，获得中国施工企业管理协会颁发的科技成果二等奖，辽宁省优秀新产品奖，中石油东北炼化工程有限公司科技成果奖。他是新时代产业工人的楷模，一个具有国际视野、名副其实的技术超群的工匠。

企业文化是企业的灵魂，是推动企业发展的不竭动力。必须不断创新和发展企业文化，才能适应经济社会形势的变化，才能实现企业的可持续发展。

5.1.1　中国石油企业文化发展创新的意义

我国石油企业经过多年的发展已经建立了一套完整的文化体系，但是，随着经济全球化、社会信息化的演进以及新时期国家产业政策、社会文化导向的变化，原有的石油企业文化已不能满足新时期石油工人的精神需求和石油企业的发展需求。

中国特色社会主义进入新时代，我国经济社会发展进入新的历史阶段，这对石油企业的发展提出了新要求。在此背景下，加强石油企业文化发展创新，形成满足新时期中国石油工人精神需求并对企业改革发展能够起到引领作用的新型企业文化，对促进石油企业发展有着重要的作用与意义。

1. 石油企业文化创新发展为中国石油企业发展提供源源不断的强大精神力量

从企业文化的构成来看，精神文化处于企业文化结构的核心位置，具有重要的思想主宰作用，对企业文化起着统领作用，它为企业员工提供统一的价值观念、道德规范与行为导向，将具有不同思想和行为方式的员工凝聚在一起，为共同的目标努力奋斗。

在中国石油工业的发展历程中，形成了以"大庆精神""铁人精神""玉门精神"等为代表和核心的传统石油精神财富，这些宝贵的企业文化成果，有力促进了中国石油工业的蓬勃发展。在新的历史时期，在改革开放后成长起来的"80后""90后""00后"是石油企业油气生产的先锋队、主力军以及后备军，他们文化素质高、思想新潮、个性独特、创造力强，特别渴求得到充分的自我精神满足与价值实现，因此，精神文化的激励与鼓舞作用更加凸显，石油企业文化发展创新迫在眉睫。

在新的历史条件下，将民族精神和时代精神融入石油企业文化建设与发展的全过程中，在内容、形式等方面积极创新，凝练适应企业和时代发展的独具特色的企业文化，能够为石油企业的发展提供新的思想内涵，注入更强大的精神动力，为新时期的石油人所接受并认可，鼓舞新一代石油人更加斗志昂扬、顽强拼搏、无私奉献，从而推动石油企业在激烈竞争中不断发展与进步，保障国家的能源事业健康稳定发展。

2. 石油企业文化创新发展为石油企业发展提供坚实的制度保障

从制度文化的角度来看，制度文化是企业文化结构中权威性最大的要素，主要包括组织机构和制度规范两个方面。组织机构是否适应企业生产经营管理的要求，对企业生存和发展有很大的影响。不同的企业文化，有着不同的组织机构。制度规范是实现企业目标的有力措施和手段，它既是规范职工行为模式的规则体系，又是维护职工共同利益的一种强制手段。

对于石油企业而言，在习近平新时代中国特色社会主义思想的指导下，根据自身实际状况，本着改革创新的原则，通过企业文化发展创新，推进企业内部经营管理制度的不断发展完善，是石油企业适应全球化、信息化时代发展要求的必然选择，也是石油企业实现可持续发展的必然途径。

同时，在组织机构方面，创新发展有助于形成权责统一、运转顺畅、协调高效的基本结构及适应市场环境的管理体制和机制，使各部门、各机构都积极承担责任，各司其职，公司组织架构稳定，企业内部各方关系明确，职权安排清晰，保证石油企业整体运行协调一致。

通过石油企业文化发展创新，将新时期的文化理念融入企业制度制定与实施的全过程中，能够让新的石油企业文化引领企业制度规范和组织机构，让企业制度规范和组织机构反映新型企业文化，进而规范、调节员工的行为，调动员工的工作主动性与积极性，增强内部向心力与凝聚力，保证各项生产经营活动按照正常的轨道有序开展。可见，石油企业文化发展创新能为石油企业文化建设与石油企业发展提供坚实的制度保障。

3. 石油企业文化创新发展引导石油企业员工养成文明进步的良好行为

企业行为文化属于企业文化的行为层面，是指企业员工在企业经营、教育宣传、培养学习、人际交往、文娱体育活动中产生的文化现象。企业行为文化是企业经营作风、精神风貌、人际关系的动态体现，也是企业精神、企业价值观的折射。企业行为文化建设的好坏，攸关企业职工工作积极性的发挥，关涉企业经营生产活动的开展，影响整个企业未来的发展方向。在企业运作和发展过程中，企业行为文化为人们的行为与举止提供正确的导向作用和良好的示范作用。

从企业员工的组成结构上来看，企业员工的行为文化主要分为领导者和管理者的行为文化、模范和榜样人物的行为文化、基层员工的行为文化。

企业的领导者和管理者是企业的中心人物，他们在企业中的管理地位和行为方式都具有权威性，他们的经营管理方式、领导风格、行为习惯、人格魅力等能直接或间接地体现企业所倡导和传递的文化。卓越的企业领导者不仅善于创造经营奇迹，而且善于打造具有特色的企业文化，并使企业文化发挥强大的引领作用，从而推动管理创新和企业永续发展。企业模范人物是企业价值观的直接践行者，是广大员工学习、效仿的良好榜样，模范人物的言语及行事方式被周围的员工和同事作为模范及效仿的基本标准。

时代在发展，石油产业发展的环境和条件也在不断变化，对于石油企业而言，在新的历史条件下，创新企业文化发展，管理人员与时俱进创新经营方式和管理模式，善于发现和挖掘新时代模范榜样人物，对于塑造企业行为文化，引导石油企业员工养成文明进步的良好行为，从而促进企业健康发展有着重要意义。

其中，发现和树立模范榜样人物，既是石油企业的一个优良传统，又可以在新时代起到不可替代的价值引领作用。模范榜样人物传播与时俱进的先进行为文化，为广大石油工人树立良好的学习榜样和行为典范，对于营造一种为新时代员工所广泛接受的健康、和谐、进步的文化氛围和行为文化，提高企业的整体素质与文明素养，激发全体员工的工作积极性，并

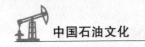

产生良好的社会影响，其作用都是不可低估的。

4. 石油企业文化创新发展能够促进石油企业塑造良好的公众形象

企业物质文化属于企业文化的物质层面，是指由职工创造的产品和各种物质设施等构成的器物文化，它处于整个企业文化结构的基础位置。对于石油企业而言，其物质文化主要包括石油产品与服务、石油生产的技术装备与设备、操作技能与工艺、厂房及其周围环境等多个方面蕴含的文化内涵。

随着经济社会的发展和时代的变迁，社会环境和人们的思想观念都会发生一系列的变化。从企业物质文化角度而言，石油企业不仅要提供品质更加优良、符合社会需求的石油产品与服务，要不断提高石油生产的装备技术水平，改良相关工艺，同时还要为员工提供更加符合时代进步要求的生产环境，满足社会对产业发展和生产生活理念的新要求。

从内部来讲，这种企业文化的创新发展高度重视为员工营造健康、舒适、环保的生活环境，建立绿色、整洁、和谐矿区，开展多项社区活动，丰富员工业余文化生活，建设积极向上的文化环境，从而能够不断增强员工家园感、归属感、认同感、自豪感和成就感，促进企业与员工共同发展。从外部讲，这种企业文化的创新发展重视技术进步、尊重客户，在追求经济效益的同时，将绿色发展、可持续发展等社会效益置于崇高地位，从而能够在社会上塑造健康向上、创新有活力、富有社会责任感的公众形象，增强企业的社会声誉和市场竞争力。

5.1.2 石油企业文化发展创新的动力

"动力"这一概念源于物理学，目前，这一概念已被引申并广泛用于管理领域，一般用来比喻对工作、事业等前进和发展起促进作用的力量。具体到石油企业文化发展创新的"动力"，我们可以把它界定为：促进石油企业文化创新，建设新型石油企业文化，推动石油企业文化发展，并进一步指导企业经营管理提升实现可持续发展的各种源动力、推动力和助动力。

从当今文化发展与企业文化建设的实践看，推动企业文化发展创新的动力因素是多方面的，包括技术创新的驱动、政府的外部政策推动、市场需求的拉动、企业之间竞争合作及追求产出效率的需求等。

石油企业文化发展创新是社会主义先进文化发展、石油产业发展的必然要求，是石油系统内部和石油系统外部各因素共同作用的综合结果。根据企业管理、企业文化管理等一般原理，结合石油企业文化本身的特点和属性，可以得出这样的结论：石油在国家发展中的重要战略地位、石油企业转型升级的必然要求、塑造良好公众形象的迫切需求三方面构成了石油企业文化发展创新的动力体系。其中，石油在国家发展中的重要战略地位是基础动力；石油企业转型升级的必然要求是主导动力，也是最核心、最深层次的驱动力量；塑造良好公众形象的迫切需求是辅助动力。这三者相互作用、相互影响，共同引导和推进石油企业文化的发展创新，并进而推动石油企业持续发展。

1. 石油在国家发展中的重要战略地位是石油企业文化发展创新的基础动力

石油在国家发展中处于基础战略地位，加强企业文化发展创新的研究，指导企业文化建设，推动石油企业发展，是国家实现总体发展战略的迫切需要。石油在国家发展中处于重要战略地位从宏观层面为石油企业文化发展创新提供了基础推动力。

石油行业是国民经济重要的支柱性行业和基础性行业，具有资源、资金、技术密集，行业关联度高，经济总量大，产品应用范围广等特点，不仅影响人民生活，可以带动国家经济发展，还是国家战略物资的重要储备品，对维持社会稳定、促进相关行业转型升级和拉动经济增长具有举足轻重的作用。

随着经济的持续发展，我国对石油的需求不断增长。目前，我国每年对石油的需求已经超过 6 亿吨，对天然气的需求超过 2000 亿立方米。可以预见，未来我国对油气的需求还会进一步提高。国务院印发的《能源发展"十二五"规划》中指出，我国油气人均剩余可采储量仅为世界平均水平的 6%，石油年产量仅能维持在 2 亿吨左右，常规天然气新增产量仅能满足新增需求的 30% 左右。同时，粗放式发展导致我国能源需求过快增长，石油对外依存度不断攀升。"十三五"期间，在经济增速趋缓、结构转型升级加快等因素的共同作用下，能源消费增速预计将会有所下降，但是我国主体能源由油气替代煤炭、非化石能源替代化石能源的双重更替进程将加快推进。在这种情况下，作为国家重要战略产业，石油企业面临的改革发展压力是十分巨大的。

在我国，能源发展正在由主要依靠资源投入向创新驱动转变，科技、体制和发展模式创新将进一步推动能源清洁化、智能化发展，在培育形成新产业和新业态的背景下，石油企业必须因应发展环境和条件的变化，以传承优秀石油企业文化为基础，在实践中不断推动企业文化的发展创新，以顺应整个能源发展形势的重大转变，引领企业可持续发展。

2. 石油企业转型升级的必然要求是石油企业文化发展创新的主导动力

石油企业要提升发展质量，实现可持续发展，必须加强企业文化创新建设，让企业文化凝聚发展力量，指引发展方向，促进企业转型升级，全面提高核心竞争力。

石油企业转型升级中的"转型"，其核心是转变石油企业经济增长的"类型"，即通过技术革新、方法创新、管理提升等手段转变生产发展方式和经济增长方式，不断提高生产效率，把高投入、高消耗、高污染，低产出、低质量和低效益的企业转为较低投入、低消耗和低污染，高产出、高质量和高效益的企业，由低附加值转向高附加值，由粗放型转为集约型，保持可持续发展，从而推进石油企业健康发展。

石油企业转型升级中的"升级"，是指通过继承并创新培育企业文化，加强石油企业文化建设，用新型企业文化指导科技创新和管理创新，强化经营管理水平，提高石油产品和服务的文化附加值与科技含量，整体提升石油企业的发展质量，即实现石油企业发展的高度化。

石油企业转型升级是石油企业文化发展创新的源动力，也是最核心的驱动力量，反过来，石油企业文化创新发展也推动石油企业转型升级螺旋式循环发展。

在中国特色社会主义进入新时代的背景下，在新思想、新理念的指引下，加强企业文化发展创新将有力推动石油企业文化建设，为石油企业与石油行业的转型升级注入新的文化活力，并提供源源不断的思想动力。

3. 塑造良好公众形象的迫切需求是石油企业文化发展创新的辅助动力

石油企业公众形象在外部反映了石油企业文化的基本内容和核心内涵，包括石油企业的绩效水平，对国家、社会和公众责任的履行等。

塑造良好的公众形象有利于同社会公众开展积极有效的沟通；有利于对外传播核心价值观，增强文化软实力；有利于提升油气产品核心竞争力，加快国际化发展的步伐。

特别需要指出的是，石油产业因其特殊的战略地位，承担着一般企业所不具有的社会责任，被公众赋予超越一般企业的社会期待。因此，石油企业在参与市场竞争和自身发展过程中，通过发展创新企业文化，树立良好而被社会广泛认同的公众形象，攸关企业的根本利益和长远发展。

新时期，我国石油企业文化要以传统石油文化为基础，努力吸收新时期的文化内涵，加强企业文化建设与发展创新，展示和塑造以新时期社会主义核心价值观为导向的企业文化理念，推动塑造良好的公众形象，反过来，也为石油企业文化发展创新提供辅助动力。

拓展阅读

企业形象的构成

企业形象由产品形象、组织形象、人员形象、文化形象、环境形象、社区形象等构成，各形象的要素见表5-1。

表5-1 企业形象的构成

企业形象	企业形象的要素
产品形象	质量、款式、包装、商标、服务
组织形象	体制、制度、方针、政策、程序、流程、效率、效益、信用、承诺、服务、保障、规模、实力
人员形象	领导层、管理群、员工
文化形象	历史传统、英雄人物、群体风格、言行规范、公司礼仪
环境形象	企业门面、建筑物、标志物、布局装修、展示系统、环保绿化
社区形象	社区关系、公众舆论

5.2 中国石油企业文化创新发展的条件

"有条件要上，没有条件创造条件也要上。"

——王进喜

案例

中哈合作的压舱石，能源丝绸之路的建设者——中国石油在哈萨克斯坦

（节选）

当前，中哈两国业已成为相互信赖、互利双赢的全面战略伙伴，在务实合作方面，取得了令人鼓舞的成就。2013年，中哈双边贸易额突破280亿美元，中国成为哈萨克斯坦第一大贸易伙伴。中国在哈萨克斯坦各类投资超过260亿美元，哈萨克斯坦成为中国第一大投资目的国。从两国贸易结构和投资方向不难看出，上述成就很大程度上是来自于两国能源合作的

贡献。能源合作成为中哈互利合作名副其实的"压舱石"。简要回顾一下中哈能源合作的历程，不难发现，双方现有合作局面是中国石油公司与哈方共同开创的，双方能源产业投资、生产和贸易的绝大部分是通过中国石油创造的。可以毫不夸张地说，中国石油是中哈能源合作的主力军，在两国务实合作中发挥着中流砥柱的作用。

不仅如此，中国石油通过在哈萨克斯坦十多年的投资、经营活动，也为哈萨克斯坦经济社会发展做出了巨大贡献。这一点却往往被人忽略。在哈萨克斯坦工作期间，我听到、看到不少当地朋友议论和媒体报道，往往片面强调中国石油开采原油占到哈萨克斯坦总产量的四分之一。我想指出的是，中国石油在哈萨克斯坦所做工作，远不止这些枯燥的数字，而是实实在在地为哈萨克斯坦能源产业发展，为哈萨克斯坦经济增长和人民福祉做了大量好事。

助推哈萨克斯坦国民经济和能源产业发展

中哈能源合作始于 1997 年。中国石油始终致力于服务所在国家，为哈萨克斯坦国民经济发展，特别是能源产业进步贡献力量。

履行纳税义务方面，中国石油在哈萨克斯坦参股项目已累计向哈萨克斯坦政府纳税达 320 多亿美元。中国石油阿克纠宾公司更是成为阿克纠宾州最大纳税单位和当地经济支柱，每年上缴的税款约占阿克纠宾州全部税收的 70%。这是一个相当惊人的数字。中国石油缴纳的巨额税款为哈萨克斯坦发展经济、改善民生提供了有力的资金支持。

建设油气管网方面，中国石油积极响应哈萨克斯坦政府加强油气出口管道建设、完善境内管网基础设施的政策，与哈萨克斯坦国家油气公司合作，先后建成中哈原油管道、中哈天然气管道等油气运输通道，优化了哈萨克斯坦国内油气管网布局，给沿线地区的经济社会发展和居民就业带来了好处。特别是中哈天然气管道二期别伊涅乌至奇姆肯特段的建成，将哈萨克斯坦西部生产的天然气输送到南部缺气地区，逐步实现了纳扎尔巴耶夫总统提出的"气化南部"的战略目标。自 2011 年以来，中国石油从中国—中亚天然气管道给哈萨克斯坦南部地区下载天然气累计超过 22 亿立方米，为阿拉木图亚冬会的顺利举行提供了巨大支持，为沿线居民冬季供暖提供了可靠保障。更重要的是，这些油气管道将哈萨克斯坦与油气需求量巨大的中国市场连接在一起，为哈萨克斯坦丰富的油气资源开辟了一条重要的东向战略通道，大幅提升哈萨克斯坦油气产品的国际竞争力。

成品油加工方面，中国石油正在实施奇姆肯特炼厂现代化改造项目，投产后将生产质量符合欧Ⅳ、欧Ⅴ标准的汽柴油，加工深度达 90%，将大幅提升成品油质量，能够极大缓解哈萨克斯坦国内成品油，特别是高标号汽油紧缺的局面。

油气装备制造方面，中国石油正在同哈萨克斯坦相关企业积极洽谈纳扎尔巴耶夫总统亲自关心、推动的钢管厂和石油装备制造厂项目。这两个项目将成为哈萨克斯坦工业创新发展的标志性项目，也将大大提高哈萨克斯坦能源产业的装备水平，减少对进口设备的依赖。

履行企业社会责任

中国石油高度重视履行企业社会责任，积极参与当地文化教育和社会保障事业，实现企业与社会、环境的和谐发展。

推动技术创新，争当环保标兵

中国石油积极响应纳扎尔巴耶夫总统促进创新发展的倡议，将油气领域的各项先进技术应用于在哈萨克斯坦的各个项目，特别是各大油田勘探开发工作，取得了多项令人瞩目的成果，为哈萨克斯坦油气增产做出了积极贡献。

中国石油高度重视环保问题，努力打造环境友好型的绿色企业。中国石油 PK 公司积极响应当地政府关于天然气综合利用的号召，持续加大天然气综合利用工程建设力度。该公司天然气综合利用工程二期和油气处理厂建成投产后，天然气综合利用率达 90% 以上。为此，该公司先后获得哈萨克斯坦"最佳企业奖"银奖和哈萨克斯坦石油工业环保最高奖——金普罗米修斯奖，成为哈萨克斯坦油气企业中的环保标兵。

助力丝路经济带建设

中国石油在哈萨克斯坦多年成功实施的一系列能源项目，为丝路经济带建设夯实了基础，成为经济带建设的一个个有力支撑点，而中哈原油管道和中国—中亚天然气管道则绘成丝路经济带的重要路线。可以说，在丝绸之路经济带这一伟大倡议提出之前，中国石油通过扎实经营，已经建成了一条能源纽带，为丝路经济带建设安装了一台强力引擎。

（资料来源：刊于 2014 年 10 月 10 日哈萨克斯坦《快报》。）

当前，中国特色社会主义进入新时代，我国经济社会发展的方方面面呈现新气象，改革和对外开放进入新的阶段。这一切为石油企业的发展提供了一个宏观的社会背景，石油企业须以此为前提，利用一切有利条件促

进自身的发展，在实践中推进石油企业文化的发展创新，并为石油企业的进一步发展提供精神和文化支撑。

"条件"一词是指制约和影响事物发生、存在或发展的各类因素。根据不同的标准，可以将条件做不同种类的划分。比如，根据重要程度，分为主要条件和次要条件；根据充分必要性，分为必要条件、充分条件、充分不必要条件、必要不充分条件和充要条件；根据内外层次，分为内部条件和外部条件；等等。

结合我国石油企业的自身特点，我们可将石油企业文化发展创新的"条件"界定为：为石油企业文化发展创新提供支撑的各类外部因素和内部因素。其中各类外部因素即为石油企业文化发展的外部条件，外部条件包括国家条件、技术条件和市场条件，各类内部因素则为石油企业文化发展的内部条件，内部条件包括文化资源条件、产品条件和企业条件。外部条件和内部条件相互支撑、互相促进，共同为石油企业文化发展创新奠定条件基础。

5.2.1　石油企业文化发展创新的外部条件

石油企业文化发展创新的外部条件主要包括以下两个方面。

第一，政策条件，即与石油企业转型升级和创新发展相关的国家政策。

宽松的宏观政策环境有利于扫清石油企业文化发展创新的各种障碍，使石油企业文化发展创新成为可能。国家从宏观层面制定的一系列关于石油企业及石油企业文化创新发展的政策规划和指导意见，为石油企业文化发展创新提供了良好的外部宏观支撑条件。

在国家层面，2013年和2016年国务院先后公布了《能源发展"十二五"规划》和《能源发展"十三五"规划》，对我国包括石油天然气在内的能源发展的指导思想、基本原则、发展目标、重点任务和政策措施做出了整体规划，为我国"十二五""十三五"时期能源发展勾画了总体蓝图和行动纲领。从行业来看，2011年和2016年，中国石油和化学工业联合会先后发布了《石油和化学工业"十二五"发展指南》《石油和化学工业"十三五"发展指南》，对石油行业发展做出具体筹划。以《石油和化学工业"十三五"发展指南》为例，基于对"十三五"期间我国经济将呈现增长方式转变、工业化中后期和人口红利拐点这样一个发展阶段的科学判断，指南为这个阶段石化行业制订了新的发展思路，即深入贯彻党中央、国务院重大决策部署和习近平系列重要讲话精神，牢固树立创新、协调、绿色、开放、共享的发展理念，以供给侧结构性改革为契机，以提质增效为中心，"稳增长、调结构"为主线，坚持深化改革开放、创新驱动、绿色发展，着力改造提升传统产业，大力培育战略性新兴产业，不断提高企业的盈利能力、竞争能力和抗风险能力。与此同时，突破一批具有自主知识产权、占据世界制高点的关键核心技术，打造一批具有较强国际影响力、较高美誉度的知名品牌，建设一批具有市场竞争优势、创新型跨国经营企业和企业集团，培育一批业务精湛、结构合理的创新型高层次领军人才，迈出从石油和化学工业大国向强国跨越的坚实步伐。

为此，就需要化工新材料等战略性新兴产业占比明显提高，新经济增长点带动成效显著，产品精细化率有较大提升，行业发展的质量和效益明显增强；技术创新体系初步形成，产学研协同创新效果显著，掌握一批具有自主知识产权的关键核心技术，互联网与信息技术广泛应用，形成转型升级的新动力和新优势；万元增加值能耗和污染物排放量均显著下降，重大安全生产事故得到有效遏制；先进质量管理技术和方法进一步普及，企业品牌管理体系普遍建立，行业标准体系进一步完善，打造一批有较强国际影响力、较高美誉度的知名品牌；通过深化改革，营造良好市场环境，充分释放发展潜力，使企业效益明显改善。

不难看出，为了保障石油企业转型升级，发展壮大，国家和行业出台了一系列相关的政策和指导意见，从宏观政策方面为石油企业文化发展创新提供了有力的外部支持条件，使石油企业文化的发展创新有了宏观政策的充分保障。石油企业应当抓住用好国家产业政策带来的机遇，在贯彻落实国家政策的过程中，培育和形成与新的经营发展条件相适应、能够引领和促进企业健康高效发展的新型企业文化。

第二，技术条件，即科学技术的创新和使用。

技术创新是企业得以生存与发展的基本条件。技术工艺与设备是反映生产力状况与水平的主要标志，新型生产设备、高新材料、新方式方法、新技术工艺的大力研发、引进和使用，能够优化整体结构，降低生产成本，提高产品质量，满足人们更高层次审美情趣和文化欣赏的需求。

先进的设备与技术是生产先进企业文化的前提条件，是人类创造物质文明和精神文明的基础，对社会、政治、经济、教育等的产生、演进和发展起着不可忽视的作用。石油企业大力研发、引进和推广世界领先的机械设备与技术工艺，能够为石油企业文化发展创新提供有力的技术支撑。

一是油气生产技术创新。科学技术是第一生产力，任何新的适应社会化大生产要求的生产技术的出现和应用，都将为生产力的发展带来相应的积极效果。作为国民经济的基础行业，石油企业应该不断进行技术创新，积极研发和利用新的创新技术。新技术的出现和利用以及对技术进步的追求，能够成为石油企业文化发展创新的一个强有力因素和外部条件。

近些年，我国三大石油集团在油气勘探开发技术方面都取得了较大突破。例如，中国石油自主开发了委内瑞拉超重油延迟焦化成套技术包及天然气液化关键技术；中国石化建立了海外油气勘探开发快速评价指标体系，开发了缝洞型油藏开发关键技术，与埃克森美孚联合开发新型流化床甲醇制汽油技术；中国海油将大型深水物探船"海洋石油"投入生产运营，研制了旋转导向钻井系统和随钻测井系统；等等。

"十二五"期间，中国石油全力实施"优势领域持续保持领先、赶超领域跨越式提升、储备领域占领技术制高点"的科技创新三大工程，取得了40项重大标志性成果，申请专利超过2.1万件，是"十一五"时期的两倍多，获国家科学技术进步一等奖6项；新技术创效超过1000亿元，科技贡献率达到60%，经济效益和社会效益显著。

二是办公设备更新。石油企业与时俱进大力引进和使用基于先进信息技术的现代化办公设施设备，及时更新硬件设施和软件，大大提高办事效率和质量。

三是企业文化建设与宣传技术革新。优秀的文化资源或文化创意要融入企业文化建设中，并提炼转化为具有文化内涵和文化价值的产品，需要一定技术手段的支持。大力引进及应用以互联网为代表的数字存储技术、信息技术、网络技术、广播、电影及电视等空间技术、印刷出版技术等各类先进技术，不断提高全球化、信息化条件下企业形象建设的技术手段，不仅能够为新时期的企业文化建设提供强大的技术手段支持，打破传统表现手法与传播方式的阻碍，极大地拓展和丰富企业文化产品的表现形式和生产方式，而且能够加快流通速度，缩短流通周期，使企业文化及文化产品大规模生产、复制和传播成为现实。

技术创新是个人冒险和集体合作的产物，从创新的价值取向反映并推动我国石油企业的核心价值观和企业精神的形成，反过来，核心价值观和企业精神也会对广大员工产生较大的感召力和向心力，最终形成企业凝聚力，推动技术创新螺旋式上升。

近些年来，先进的石油生产设备及处理技术的研发、办公设施更新、企业文化建设与宣传技术的推广与运用，大大提高了石油企业员工的工作效率与工作质量，增强了员工满意度与企业凝聚力，弘扬了改革创新、追求卓越的精神，创新发展并丰富了石油企业文化，为石油企业文化发展创新提供了技术支持和基础保障。

5.2.2 石油企业文化发展创新的内部条件

石油企业文化发展的内部条件主要包括三个方面。

1. 企业条件——积极的石油文化建设

石油企业在全面增加油气产量、确保油气稳定供应的同时，应该高度重视企业文化建设，保持与文化企业和高等研究院校合作，精心培育并塑造出适合自身企业特点的先进企业文化理念和核心文化价值体系，同时，积极建立有利于企业文化发展创新的制度文化和行为文化，为石油企业文化发展创新提供扎实的企业条件。

（1）积极寻求文化支撑

我国石油企业在企业文化建设过程中积极寻求文化支撑，凝练了以大庆精神、铁人精神为代表的厚重的石油企业精神文化资源。同时，广泛开展与文化企业的合作，加强企业整体宣传力度，培育个性鲜明、独具特色的企业文化，扩大文化影响力，提高公众知名度，打造积极创新的外部形象，提升了核心竞争力。

例如，中国石化努力成为"北京奥运会石化合作伙伴"，推动长城润滑油获得"北京奥运会正式用油"称号，通过一系列奥运宣传活动和市场营销手段，将长城润滑油迅速推上了国际轨道，奥运会也成为中国石化走向国际的重要渠道。

（2）建立健全制度文化

石油企业应通过建立健全制度文化，从企业制度层面保障石油企业文化发展创新。企业制度文化是一定精神文化的产物，是企业文化的重要组成部分，石油企业需要从企业组织机构和企业管理制度两方面健全制度文化。

一是建立扁平化的组织结构。组织架构稳定，企业内部各方关系明确，职权安排清晰，信息传递快速、便捷，能够充分发挥管理的灵活性，增强企业团队协作能力，保证企业整体运行协调一致，从组织层面保障石油企业文化发展创新。

二是建立健全各类管理制度体系。石油企业需在人事、行政、生产、销售、宣传、物资采购、招投标、财务管理等各方面建立标准化的制度体系，并随着企业经营环境和发展战略的变化及时改革。科学的企业管理制度，能够有效规范企业与员工的行为与行事方式，广泛调动员工的主动性、积极性，增强企业凝聚力，保证企业生产经营活动的有序进行，从管理制度层面保障石油企业文化建设，促进石油企业文化创新，进一步推动石油企业发展。

（3）培育良好的行为文化

企业行为文化是全体成员在长期的工作学习、教育宣传、生活娱乐中产生并表现出来的在管理方式、精神风貌、团队协作、人际关系、文明程度等方面具有企业特色的活动文化。石油企业要在石油企业精神文化的引导和石油企业制度文化的制约下，建立并推行可操作的行为规范体系，形成良好的行为文化。

中国石油凝练了尊重、诚信、沟通、合作的行为准则，形成了做"领头羊"而不是"牧羊人"，服务员工、培养人才，成为员工的朋友等领导层行为文化；员工践行职业行为和道德操守，忠诚于公司，忠诚于事业，自觉维护公司利益和声誉的管理人员职业道德规范；形成了做好每一件小事，积极主动地面对一切，善待他人、彼此关爱等员工层行为文化。

中国石化塑造了"文明、敬业、高效、廉洁"的行为准则；广泛培养了"事事讲求精细"的工作习惯；制定并培训广大员工在形象、办公、交往、通信、会议、涉外、公共场所等方面的文明礼仪行为规范。

中国海油全面推行"五想五不干"的安全文化，规范了员工不恰当的行为习惯。

石油企业这一系列与时俱进、以人为本的行为文化与准则为广大员工提供了明确的行为导向和示范，既能使石油工人凝聚到一起，形成一致的员工群体行为，塑造良好的石油行业形象，又能大力提升员工自身的综合素质，充分发挥其智慧和才能，推动石油行业改革发展和进步。石油企业良好的行为文化能够从员工行为层面为石油企业文化发展创新提供行为保障。

2. 文化资源条件——丰富的文化资源储备

文化资源是可供主体利用和开发，形成文化实力的各种文化客观对象，包括前人创造积累的文化遗产库，今人所创造的文化信息和文化形式库，以及作为文化活动、设施与手段的文化载体库等。文化资源是凝聚企业文化内涵以及生产文化产品的基础条件和核心条件。

文化资源的开发与创新是石油文化产品形成的基本过程，是对石油文化资源的传承与开发、利用与创新。对我国石油企业来说，文化资源包括石油企业传统文化资源和新时期文化资源两个方面的内容。

我国石油产业在从无到有、从弱到强的发展过程中，积累了深厚的传统文化资源，如"铁人精神""三老四严"等，在新的历史时期，随着实践的不断发展，许许多多反映时代特点的新兴文化资源也不断涌现，这些都为石油企业文化发展提供了良好的条件。充分而恰当地融合和运用这些文化资源，必将推动石油企业文化的发展创新。

3. 产品条件——多样的石油文化产品

石油企业归属于资源型行业，向市场提供的产品门类非常多，根据形态主要分为有形产品和无形产品两类。有形产品主要包括：石油、天然气等基础产品；汽油、液化气、润滑油等炼制产品；合成树脂、尿素等化工产品；石油勘探仪器、钻采设备、测井仪器等石油化工装置和设备；原盐、硝铵等海化产品；股票、债券等金融产品；石油相关产品的式样和包装等。

无形产品主要包括：石油生产相关的专业技术与服务、知识与管理经验；企业价值观念体系、石油工人优良文化传统和精神；积极的信息沟通与反馈；为消费者带来具有附加价值和满足感的、优质的、差异化的、全方位的服务等。

当今时代，企业向消费者提供的不仅是商品，在一定意义上也是在提供文化，换句话说，企业向消费者提供的是有形产品和无形产品的统一体。随着我国石油产业的不断发展壮大，日益多样化的石油产品为石油企业文化的发展创新提供了更多的可能性。

5.3　新时期石油企业文化内涵的延伸和发展

"我的企业我的班，是我根之所在。"

——李玉福

案例

中石油重视绿色发展

2018年中国石油天然气集团有限公司（下称"中石油"）发布了它的第十九个环保公报《2017环境保护公报》，公报显示，中石油制定了低碳发展目标：力争2020年实现二氧化碳排放总量比2015年下降25%，2030年国内天然气产量占公司国内一次能源产量的55%，2050年低碳发展达到国际先进水平。

近年来，中石油不断加大环保投入。据公报显示，仅炼化板块实施"达标减排、绿色炼化"治理工程，中石油就累计投入超过100亿元。公报披露，中石油2017年投资24.33亿元成立了国内央企中首个集团公司级VOCs（挥发性有机物）管控中心，截止到2017年年底，共实施VOCs治理项目119项，年减排3.9万吨。

环保管理仅是中石油绿色发展体系中的一项内容，除此之外，该公司还从绿色能源、低碳发展等多个维度推进企业绿色发展。2017年，该公司国内天然气销量1518.4亿立方米，国内天然气产量首次突破千亿大关。其天然气北方公司全力推进"煤改气"项目实施。截至2017年年底，为河北省廊坊、涿州、正定等农村煤改气相对集中的区域，推动实施8个民生用气项目。在油品升级方面，该公司已于2016年年底提前完成在京津冀及周边"2+26"城市的国Ⅵ油品供应。

为彰显企业责任，缓解"邻壁效应"，中石油在绿色发展的同时不断推进"开门办企"。从2018年4月1日起至中旬，隶属于中石油的50多家石油企业将陆续向公众开放。公司还聘请了来自各界的人士，担任"环保义务监督员"，主动接受社会监督（图5-2）。

图5-2　公众开放日，中石油大港石化聘请环保义务监督员

新时期，我国石油企业文化发展创新，突出表现为其内涵不断延伸和发展。石油企业文化内涵的延伸和发展，一方面有助于形成和塑造员工更强的归属感、更高的忠诚度，另一方面有益于构筑和营造企业更深厚的发展潜能和更受社会认同的公众形象。

5.3.1　注重培育现代企业价值观，引领企业发展

企业价值观是企业文化的核心，是全体员工共同遵循的，在企业制定战略和进行生产经营行为时必须坚守的原则和标准。培育和提炼企业价值观，在相当程度上决定着企业的生存和发展。几十年来，我国石油企业能为我国经济社会发展做出历史性贡献，不仅仅是因为其在发展中不断强大，而且也是因为它们拥有突出鲜明的企业价值观。企业的价值观是企业的灵魂，是企业发展的定海神针，是企业发展前进的精神引领，是企业带领员工前行的指南针。它不仅代表着企业文化和精神内涵，而且是将员工连接在一起的精神纽带，是企业员工干事创业的精神动力。拥有社会广泛认可、员工广泛认同的价值观，是一个企业能够长盛不衰的重要原因。

当前，在我国经济社会发展的新时代，石油企业要在继承中华优秀传统和石油企业优秀文化的基础上，按照社会主义核心价值观的要求，结合企业的经营实际，吸收、借鉴国内外现代企业的优秀文化成果，通过发展创新，培育与现代化石油企业相适应的企业价值观，以引领企业的发展和企业文化的建设。

中国石油化工集团公司在其《企业文化建设纲要（2014 年修订版）》中，确立了"为美好生活加油"的企业使命，"建设成为人民满意、世界一流能源化工公司"的企业愿景及"人本、责任、诚信、精细、创新、共赢"的企业核心价值观。新纲要重点对原有核心价值理念进行了完善和升级，提出了新的核心价值理念体系，其核心是"报国为民，造福人类"。中石化以"为美好生活加油"作为企业使命，核心是坚持把人类对美好生活的向往当作企业发展方向，坚持走绿色低碳的可持续发展道路，坚持合作共赢的发展理念，为各利益相关方带来福祉。中石化的核心价值观要求其在发展过程中，所有发展战略和经营行为都要坚持以人为本，坚持报国为民，坚持重信守诺，坚持精细严谨，坚持创新引领，坚持合作互利，共同发展。

5.3.2　科技进步意识和人才价值观逐步确立

在越来越激烈的市场竞争和越来越困难的石油勘探开发实践中，石油企业越来越认识到科学技术的巨大作用。与原来石油企业由于解决生产难题的需要而发展科技有所不同，新的历史时期石油企业对科学技术作用的认识有了更深刻的理解，科学技术在石油企业生产经营中的地位有了进一步提高。

一是大力实施科技兴油战略。"科学技术是第一生产力"，各石油企业从战略高度来看待和发挥科技的作用，制定并大力实施"科技领先"和"科技兴油"战略，建立和完善科技研究开发、推广应用体系，兴建石油科研院所，引进国外先进的技术设备，改革科技管理体制，并逐步培育了一支专业部门齐全、力量雄厚的石油科研队伍，科学技术取得了巨大进步，大大推动了石油工业的发展。在实施"科技兴油"战略的过程中，石油企业贯彻"发展科技、依靠群众"的方针，大力宣传科技成就和科技先进人物，为企业发展科技营造良好的文化环境，同时不断改革科技管理体制，采取切实政策和措施，提高知识分子待遇，选拔和使用科技人才，使知识分子和科技人员的地位得到了大大提高。职工群众中形成了尊重知识、尊重人才的新观念和学习科学知识、钻研科学技术的风气和热潮，企业职工对人才的价值有了进一步的认识和提高。反过来，这些新观念和新风尚的形成对凝聚职工队伍，推动企业技术进步，又发挥了重要作用。在石油职工中，献身石油科技蔚然成风，涌现了许多以科技发明、推动科技进步为代表的先进典型人物。大庆油田职工、"新时期的铁人"王启民，作为新时期石油科技工作者的代表，在大庆油田实施"科技兴油"的战略中，以严谨务实、孜孜追求的科学求实精神，探索石油中后期开采奥秘，实现了两大突破，为大庆油田的持续稳产高产做出了巨大贡献。胜利油田职工、"铁人式的好工人"王为民仅有初中文化程度，凭着顽强毅力和刻苦钻研精神，啃完了大学专业教程书籍，一生进行了 30 项革新和技术发明，其中，5 项获国家专利，成为新时期产业工人的代表。胜利油田职工、钻井工程公司经理刘汝山自强不息，带领职工刻苦钻研现代打井技术，实现了胜利油田钻探定向井、水平井等特殊工艺井技术的突破，为油田钻井技术的发展做出了突出贡献。这样的榜样还有很多。在这些先进人物的带领下，石油广大职工形成了一种学习技术、献身石油科技的企业风气和奋发向上、不断进取的精神风貌。

二是实施人才资源开发战略。企业的竞争，归根结底是人才的竞争。人才乃兴油之本，发展之源。石油企业坚持把"人力资源"作为"第一资源"，加强人才资源开发，大力实施人才资源战略。各油田按照市场经济规律和现代企业制度要求，围绕企业整体发展目标，制定人才发展规划，出台了一系列配套政策；加大人才培养力度，与高校联合举办研究生班，选培硕士、博士，选送优秀人才出国培训，成立油田高级人才培训中心，培养了一大批有用之才；逐步建立了有利于人才脱颖而出的用人机制，为人才提供广阔的发展空间；引入市场价位，提高人才待遇，开展"科技英才"评选活动，加大对有突出贡献人才的奖励和宣传力度，有效激发各类人才干事创业的积极性，造就了一支高素质的人才队伍，形成了人才优势。大庆油田经过重组改制后，针对新体制、新机制，出台了"大庆油田公司人才观"，制定了"关于调动各级各类人才积极性的若干政策规定"，进行了作业区、项目管理和业绩考核等试点工作，在建立以业绩、贡献为导向的激励机制上进行大胆实践，让员工最大限度地发挥聪明才智。在继承"四个一样"优良传统的基础上，大庆油田在实践中还总结出了"四个不一样"，即"素质高低使用不一样、管理好坏待遇不一样、技能强弱岗位不一样、贡献大小薪酬不一样"的管理理念。这一理念立足打破人们头脑中固有的平均主义"大锅饭"思想，树立竞争制胜、效益优先的意识。"四个不一样"是大庆油田人才观的具体体现，充分体现了石油企业的管理理念已经向现代企业迈进，是在新的历史时期创新发展大庆油田企业文化的积极探索。

5.3.3　走可持续发展道路，倡导绿色发展理念

从 20 世纪后期开始，可持续发展越来越成为被世界广泛接受的发展理念。随着经济社会的快速发展，我国也面临着越来越突出的生态环境压力。作为现代经济发展和人们生活必不可少的重要产业，石油行业历来是环境敏感行业之一。开采、运输、炼化以及基础设施建设等方面均可能带来环境污染，上中下游各环节的环境防护和污染治理工作往往要耗费大量人力、物力、财力。因而，石油行业的生产经营是否践行了可持续发展理念受到广泛关注。无数例子证明，在当今时代，对于生态环境的任何忽视，对于走绿色、可持续发展道路的任何背离，都有可能对企业的发展造成灾难性后果。走可持续发展道路，倡导绿色发展理念，承担相应的社会责任，已经成为石油企业发展的必经之途，也是石油企业文化发展创新的

重要内容。

党的十九大报告提出，要推进绿色发展，建立健全绿色低碳循环发展的经济体系，这为我国经济发展指明了方向。作为关系到国民经济命脉、负有重要社会责任的企业，我国石油企业迎难而上、响应国家号召，着力做好环境保护工作，实现油气行业整体绿色发展。近些年来，我国大型石油企业努力践行绿色、可持续发展理念，坚持"绿水青山就是金山银山"，并将之融入企业文化中，使之内化为企业文化的有机组成部分。在企业经营中，石油企业在提升油气保供能力的同时，更加注重追求高品质储量和高价值产量，在推动能源生产的过程中，更加注重对能耗的控制，不断改进和采用新技术，提升节能减排水平，注重绿色发展的全过程管理。在深化改革的过程中，更加注重构建绿色低碳发展体系、提升能源生产的品质和价值。

中石油在 2016 年的环境保护工作中成绩突出，工作效果显著，全集团环保投入比上年增长 49%，四项主要污染物排放都呈下降趋势，且二氧化硫、氮氧化物的下降幅度超过 10%。这是在国际油价下跌、行业业绩下滑的背景下实现的，充分凸显出我国国有油气企业的社会责任感和历史使命感。

中石化在其新的企业文化建设纲要中，更加突出环境保护、低碳发展和社会责任的理念，将致力于成为绿色高效的能源化工企业，以能源、化工作为主营方向，做好战略布局和业务结构优化，在发展好传统业务的同时，不断开发和高效利用页岩气、生物能等新兴能源，研制开发化工新材料，促进煤炭资源清洁化利用，将成为绿色高效的能源化工企业作为自己的企业愿景，显示了在落实绿色发展理念上的坚定决心。

5.3.4 大力发展社区文明建设，创造文明优美的人文环境

与企业价值观和企业精神相比，人文环境是直观的、显形的文化，它在一定程度上反映着企业文化建设的水平，对企业精神的树立、企业形象的塑造、企业价值观的凝练、企业凝聚力的增强和企业社会信誉的提高，都具有非常重要的作用。

社区是人们聚集在某一个领域里所形成的一个生活上相互关联的大集体，是人们生活的主要场所、设施、文化的总称。由于石油行业的特殊性，石油企业社区往往有自然条件相对较差、距离大城市较远等显著特点。石油企业开发建设的早期，就比较注重文化对陶冶职工情操、增强队

伍凝聚力的作用，尽管当时的生活和工作条件十分困难，但是职工文化生活和文艺活动还是搞得有声有色。

随着石油企业的不断发展，在新时期，石油企业对于大力发展社区文明建设，创造文明优美的人文环境愈发重视。各油田先后建设了公园、文化艺术中心、工人文化宫、青少年宫、少年活动中心、图书馆、体育场、游泳馆等一大批文化设施和活动场所。有些单位建立了自己的闭路电视台，部分单位还创立了自己的报纸，建立健全了企业舆论宣传工具和阵地，经常举办群众性的书法、绘画、舞蹈、唱歌等文艺活动比赛，职工群众经常自发地组织交谊舞、健身操、扭秧歌等文体活动，成立了各种文化活动协会，对宣传石油精神起了积极作用。石油职工的住宅建设也得到很大发展，工作和生活环境得到大大改善。油田又实行了社区化和物业公司管理制，使居民环境建设逐渐走上了产业化道路。目前，设施比较完善、功能比较齐全、环境优美、职工乐业的生产生活环境基本形成，并成为油田企业文化的重要标志。

5.3.5　重视品牌效应，加强石油企业形象建设

要在市场竞争中赢得市场，就必须树立良好的企业信誉，提高自己的知名度。在长期开拓外部市场的实践中，石油企业逐渐认识到了树立企业形象和经营品牌的重要性，并在企业文化理论指导下，开始了探索石油企业文化形象建设的实践活动。

一是加强对外宣传的力度，塑造石油企业艰苦创业的形象。各油田历来十分重视宣传工作，改革后适应新形势的发展要求，宣传工作除了对内起到加强思想政治教育、凝聚职工队伍的作用外，其功能和定位得到进一步丰富和发展。积极扩大社会宣传力度，树立企业形象，成为新时期石油企业宣传工作的一项重要任务。各企业在对外宣传方面不断加大投入，积极开辟对外宣传渠道，利用学术交流、新闻媒体、举办国内大型文体活动等多种形式，扩大企业的对外宣传力度。胜利油田先后多次与中央电视台联合举办文艺演出活动，并多次承担国内大型体育比赛，通过多种形式塑造和宣传胜利石油人的形象和精神。不少石油企业为了让世界了解自己、打开国外市场，精心设计企业形象，参加国际石油设备展览会、世界石油大会等各种国际会议和展出活动，扩大科技人员的对外交流，等等。石油企业正在由商品营销观念向文化营销观念转变。

二是实施品牌战略，开发利用石油企业的品牌资源。品牌是企业的重

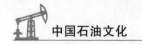

要资源，在开拓国内外市场的实践中，石油企业越来越认识到品牌的价值，并开始探索实施品牌战略。

首先，开发利用已有的品牌。"大庆""胜利"等油田由于历史原因，在国内外享有很高的知名度。在新的历史时期，石油企业开始认识到这些品牌的宝贵价值，并利用这些品牌积极开展与国内外企业的合资合作。

其次，创立新的名牌。在开拓国内外市场的过程中，石油企业积极实施品牌战略。中国石油天然气集团有限公司长城钻井公司借鉴国外管理经验，通过开展钻井队技术达标活动，创立了"长城钻井"这一名牌。通过实行品牌战略，石油企业创出了不少名牌和产品，如江汉钻头、西安石仪、胜利钻井等。

三是狠抓职工的素质建设，以过硬的技术、严明的纪律、顽强的作风，树立石油企业良好的形象。在开拓外部市场的过程中，企业形象的树立最根本的还是依靠企业的实力。在塔里木、冀东等市场开放探区，来自国内外各油田的石油队伍云集在这里，比技术、比质量、比服务、比作风。胜利钻井队伍依靠其精湛的技术、良好的服务、严格的管理和顽强的作风在外方反承包中频频中标，赢得了"铁军"称号。

5.3.6 以石油文化为创作源泉的文化作品

通过对石油文化资源与新时期文化资源进行开发与创意加工，转化为符合市场需求的文化产品，形成各类石油文化经济实体和石油文化企业，可以推动石油企业文化创新，进一步促进石油企业发展。

我国部分石油企业已经通过挖掘石油文化资源的内在价值，以石油文化为素材和源泉进行了文艺作品和文化精品生产，提升了企业凝聚力和核心竞争力。如电视连续剧《西圣地》（图5-3）及其系列歌曲作品，展现了20世纪中后期第一代石油人以他们的创业豪情和钢铁意志克服种种困难勘探、开发、建设克拉玛依油田的历程，十分感人。中国石油工业的摇篮玉门油田，围绕石油文化和铁人文化，主打"石油摇篮"和"铁人故乡"文化旅游品牌，挖掘整理出铁人文化产业园区、玉门油田红色旅游景区等文化项目，给玉门市的文化旅游业和城市结构转型都带来大好机会，其中，"铁人"王进喜故居还被誉为"爱国主义教育基地"。大庆油田公司是以石油文化资源生产文化产品的领军者，在大庆文化局及大庆石油管理局政策与资金的扶持下，突出打造"石油牌"，大力创新开发，宣传弘扬"大庆精神""铁人精神"相关的文化作品。例如，以石油文化为主旋律建设的"世界石油文化公园"（图5-4），展示了一系列石油文化景观；舞剧"大荒的太阳"，歌曲"钻塔颂""磕头机"，话剧"地质师""黑色的石头""黑色的玫瑰"，连环画《铁人王进喜》，诗集《铁人词典》，管弦乐曲"英雄的大庆人"等一系列石油题材作品，从不同角度、以不同艺术手法呈现了深厚的石油文化。这些工作的开展，对于扩大石油企业的社会知名度、树立石油企业的良好形象都起到了积极作用。实践证明，以石油企业文化为源泉和资源的文化作品创造与生产，为石油企业文化发展创新提供了可行的产品条件与模式借鉴。

图 5-3 电视连续剧
《西圣地》

图 5-4 大庆世界石油文化公园

 思考题

1. 为什么要进行石油企业文化创新？

2. 我国石油企业文化创新的趋势是什么？

 在线测试题

一、不定项选择题（本题可以选择一个及一个以上的选项，请把答案填写在题后的括号内。）

1. 中国石油文化发展创新的重要意义包括（　　）。

A. 为中国石油工业发展提供强大的精神动力

B. 为中国石油企业发展提供坚实的制度保障

C. 促进社会的文明进步和人们良好行为的形成

D. 促进中国形成独立单一的精神文化体系

2. 中国石油文化发展创新的内部和外部条件包括（　　）。

A. 政策条件：石油企业转型升级与创新发展的相关政策

B. 企业条件：企业的物质文化、制度文化和精神文化

C. 文化条件：中国文化已经完全发展成熟的资源

D. 技术条件：大力创新的科学技术进步

二、简答题

新时期中国石油企业在中国石油文化创新和发展的主要任务有哪些？

第6章
经济全球化背景下中国石油企业的发展战略

了解中国石油企业的国际化发展战略，充分利用好国内、国外两个市场；

明确中国石油企业实施自主创新战略的重要性，提高我国石油行业的国际竞争力；

理解中国石油企业的"竞合"战略，做到竞争有度、合作共赢。

6.1　国际化发展战略

国家培养了我，石油事业需要我，必须毫无保留地投身石油报效祖国。海外油气合作是国家需要，这件事值得干，没有理由退缩。

——"海外拓荒人"孙波

为了开拓创新中国石油工业和国际油气合作事业，践行"务实合作、互利共赢"的发展理念，中国石油企业的员工们架起了中国与世界的油气能源之桥。为充分利用国内国外两个市场，在全球范围内实现资源的优化配置，确保国内市场的石油供应和国家能源安全，实现企业经济发展目标，中国石油企业已经走出了国门，参与国际市场竞争，实施国际化发展战略。

6.1.1　国际化战略

国际化战略是企业产品与服务在本土之外的发展战略。随着企业实力的不断增强以及国内市场的逐渐饱和，有远见的企业家们开始把目光投向海外市场。企业的国际化战略是企业在国际化经营过程中的发展规划，是跨国企业为了把企业的成长纳入有序轨道，不断增强企业的竞争实力和环境适应性而制订的一系列决策的总称。企业的国际化战略将在很大程度上影响企业国际化进程，决定企业国际化的未来发展态势。

企业的国际化战略可以分为本国中心战略、多国中心战略和全球中心战略三种。

本国中心战略是在母公司的利益和价值判断下做出的经营战略，其目的在于以高度一体化的形象和实力在国际竞争中占据主动，获得竞争优势。这一战略的特点是母公司集中进行产品的设计、开发、生产和销售协调，管理模式高度集中，经营决策权由母公司控制。这种战略的优点是通过集中管理节约大量的成本支出；缺点是产品对东道国当地市场的需求适应能力差。

多国中心战略是在统一的经营原则和目标的指导下，按照各东道国当地的实际情况组织生产和经营。母公司主要承担总体战略的制订和经营目标分解，对海外子公司实施目标控制和财务监督；海外的子公司拥有较大的经营决策权，可以根据当地的市场变化做出迅速的反应。这种战略的优点是对东道国当地市场的需求适应能力好，市场反应速度快；缺点是增加了母公司和子公司之间的协调难度。

全球中心战略是将全球视为一个统一的大市场，在全世界的范围内获取最佳的资源并在全世界销售产品。采用全球中心战略的企业通过全球决策系统把各个子公司连接起来，通过全球商务网络实现资源获取和产品销售。这种战略既考虑到东道国的具体需求差异，又可以顾及跨国公司的整体利益，已经成为企业国际化战略的主要发展趋势。但是这种战略也有缺陷，即对企业管理水平的要求高，管理成本高。

拓展阅读

中国企业国际化战略的类型

纵观中国企业的国际化战略，大致可以分为四种类型。

第一种是海外设厂，生产本地化，如中国石化、海尔等；

第二种是自有产品直接出口，如华为和中兴等；

第三种是并购国外企业，如中国石油、联想等；

第四种是产品贴牌出口，以浙江温州企业为多。

上述类型是按照企业的主导战略类型分的。企业国际化战略有时会采取多种战略，即通过组合战略来进军海外。前三种方式是中国企业国际化的方向，也代表了中国企业在国际上的竞争力。

6.1.2　实施国际化战略是中国石油企业发展的必然选择

案例

2005 年 10 月，中国石油天然气集团公司先后战胜了印度、俄罗斯的竞争对手，经历了艰难谈判和法庭上的唇枪舌剑，最终以每股 55 美元共计 41.8 亿美元的价格收购了哈萨克斯坦 PK 石油公司。此番收购，是中国企业历史上第一次收购在海外上市的能源公司，也是中国石油不断提高自己的国际竞争力、向国际化迈出的坚实一步。

石油天然气是国民经济的战略性产业。在关系到国家经济安全的重大问题上，我国三大石油集团必须以国家利益为重，要尽可能多地获得海外石油资源，分享国际油气资源，对内则要保持石油价格的稳定，尤其是在油价波动时，国有石油企业要起到稳定油价波动的作用。另外，作为石油战略性产业的"国家队"和主力军，走出国门，实现跨国经营，是中国石油企业拓宽生存空间、谋求竞争优势的必然选择。

第一，实施国际化战略是解决国内油气资源供求矛盾加剧的必然选择。

随着我国经济的发展，油气资源供需矛盾越来越大，迫切需要加快利用海外油气资源。2015 年，我国石油对外依存度首破 60%，达到 60.6%（中国石油集团经济技术研究院《国内外油气行业发展报告》）。预计 2020 年以前，我国石油每年仍需以 1000 万吨左右的速度进口，存在着供应量和购买价格两个方面的风险。为确保进口石油的经济、稳定供应，我国必须加快建立多元稳定的国际石油贸易网络，积极参与国际石油期货贸易，并适当增加长期合约贸易所占比重；开辟多条石油运输通道，保障石油运输安全，逐步完善我国国际石油贸易体系。从一定意义上讲，"走出去"开发和利用国外资源是我国石油工业持续发展的重要途径，是我国国民经济可持续发展的迫切需要，也是我国石油企业"走出去"的内在驱动力。为此，应加快实施资源国际化战略，鼓励我国石油企业跨出国门，开拓国际

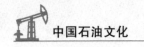

油气资源市场。

第二，实施国际化战略也是维护和保障我国石油安全乃至经济安全的必由之路。

随着我国工业化进程的加快，能源消费进一步快速增长已不可避免，国民经济对国际油价的波动将会更加敏感。国际能源署计算得出，油价每上涨10美元会推动CPI上涨0.8个百分点。我国在国际原油需求市场上占有大量的份额，要抓住国际油价下降的机遇，努力加快原油进口速度，增加进口规模，对冲高油价时期的成本。从国家石油安全和全面建成小康社会的战略目标出发，必须高度重视我国油气资源的可持续发展，采取有效措施保障国家石油安全，因而鼓励我国石油企业"走出去"是国家石油安全措施的重中之重。

第三，扩大市场份额、获取廉价自然资源和国际比较经济利益，是石油企业实施国际化战略的内在动因。

实施跨国经营战略是我国石油企业适应中国加入WTO后新的竞争环境以求得生存和发展的必由之路。按WTO要求，我国将减让关税、取消非关税壁垒，给予外国公司石油石化产品贸易权和分销权，中国石油石化企业将面对来自跨国公司的巨大竞争压力。跨国公司将利用"入世"的条件，凭借其在资金、管理、技术、产品、市场营销、服务上的优势，倾力打入中国市场，以获取更多的市场份额为目标，与中国石油石化企业展开竞争。为此，我国企业只有竞争，无退路可言，只有充分利用国际国内两个市场，两种资源，发挥发展中国家的后发优势和比较优势，不断提升企业竞争力，才能真正与这些老牌的世界石油公司相竞争和较量。就油气资源来说，资源本身的稀缺性和布局上的极不平衡性，形成极大的国际比较利益差距和巨大的获利空间，尤其是中东海湾地区丰富的油藏和极低的开采成本，更加大了这一差距。我国石油企业应紧紧抓住国际市场机遇，走出国门，积极参与国际市场竞争，通过跨国经营，扩大商品销售、获取廉价自然资源和国际比较经济利益，最终提高企业国际竞争力。

第四，实施国际化战略是经济全球化背景下企业成长的必然选择。

世界经济全球化、一体化进程加快，任何企业都逃避不了国际竞争。企业的成长一般都是从无到有、从小到大、由弱到强、从国内到国际的发展过程。当企业发展到一定程度的时候，必然会走向国际化。《财富》杂志于2017年7月30日发布的中国500强排行榜中，中国石油化工股份有限公司以1 930 911.0百万元的收入成功卫冕，中国石油以

1 616 903.0百万元紧随其后位列第二。之所以取得如此业绩，与近年来中国石油企业一系列国际化大型项目建设密不可分。

石油企业的发展实践证明，大力开发利用海外油气资源有利于加快提升公司实力和整体竞争力。中国石油企业在石油上、中、下游各领域，与BP、美孚、壳牌、阿美等国际石油石化公司合资合作，大大促进了中国石油企业的快速成长。

6.1.3　实施国际化战略的总策略和主要方式

从长远发展考虑，中国石油企业在开展国际化经营过程中应本着"积极、慎重、循序渐进"的原则，精选目标市场，有目的、分层次地走向世界，充分利用国内外"两种资源、两种资金、两个市场"。总体策略上实行"六先六后"（图6-1），即在经营方式上，先合作后独立，先与资源国石油公司或国际大石油公司合作，后组建合资公司；在经营领域方面，先开发后勘探，先搞油气开发，后搞风险勘探；在合作方式上，先参股后控股，通过参股开发国

策略	
在经营方式上	先合作后独立
在经营领域方面	先开发后勘探
在合作方式上	先参股后控股
在投资方面	先小后大
在经营区域上	先"南"后"北"
在经营步骤上	先点后面

图6-1　中国石油实施国际化
战略的总策略

外油气田，逐步实现股份经营；在投资方面，先小后大，先从投资少、风险较低、效益较好、管理比较简单的中小项目干起，再逐步扩大规模，发展投资大、收益高的大型项目；在经营区域上，先"南"后"北"，先进入周边国家和发展中国家，再逐步向发达国家拓展；在经营步骤上，先点后面，先提供物化探、钻井、测录井、修井等优势专业技术服务，再逐步扩大石油勘探开发的参与面。

实施国际化战略的主要方式有以下几种。

一是与东道国的石油公司联合。为了防止东道国的关税壁垒和贸易限制，我国企业可采取跨国经营本地化的策略，也就是与东道国的石油公司进行联合，这是一项占领国际市场的有效途径。

如中原油田2000年9月与沙特一公司（私人）联合投标，顺利进入了当时世界第一产油大国，承揽了3+1年钻井施工任务。这种方式东道国

政府乐意接受，还可提高中标率、提高石油开采效率，扩大我国石油企业的国际影响力与竞争力。

二是与有经验的大型跨国石油公司联合。石油企业在国际经验不足的情况下参与国际投标，尤其是在进入国际市场初期，可与有经验的国际大型石油公司联合投标或组队施工。

如2009年6月，中国石油和英国BP公司联合中标伊拉克鲁迈拉油田项目，成为战后伊拉克首轮公开招标中唯一中标的项目，震动全球石油界。

与有经验的大型跨国石油公司联合，既可分散风险，获得利润，又可学到国际大型石油公司的技术与经营管理经验，培养锻炼自己的生产、经营管理和作业队伍，也有利于积累海外项目的运作经验，扩大对外影响。

三是开展技术合作。这种方式是国外提供资源，我国提供技术，从而获得产品分配权。特别是对国外的老油田，这种方式更容易成功。

📖 案例

中国首条跨国天然气管道的建设者

从欧亚大陆的心脏中亚直至中国东南，横亘着一条承载梦想与责任的管道——中亚天然气管道。这是中国第一条引进境外天然气资源的跨国能源通道。它沿着古丝绸之路，一路奔涌向东方，惠及着包括中国公民在内的近5亿各国民众。

为了开拓创新中国石油工业和国际油气合作事业，践行"务实合作、互利共赢"的发展理念，中国石油副总裁孙波倾注了一生的心血。常年超负荷工作的孙波用生命架起了中国与世界的油气能源之桥，直至生命的最后一刻。

"尊敬的胡主席、尊敬的纳扎尔巴耶夫总统！我现在中哈天然气管道六号站现场，向你们正式报告：经过中哈两国建设者28个月的艰苦努力，中亚天然气管道哈国段已经顺利建成，并具备接气条件。在此，我谨代表中国石油所有参建人员，向你们表示最衷心的感谢，并致以最崇高的敬意！"

在两国元首共同启动中亚天然气管道阀门的那一刻，身穿红色工作服的孙波与众多管道建设者一起挥舞着双手，露出了久违的笑容。这是一份被中哈天然气管道合资公司珍藏的视频和音响资料，因为公司员工知道，孙波为了这个笑容等了太久太久。在中哈天然气管道合资公司总经理别伊姆别特·沙亚赫梅托夫眼中，孙波为中亚天然气管道奉献了自己的一生。

由中国、土耳其、乌兹别克斯坦、哈萨克斯坦四国元首共同推动达成的中亚天然气管道项目，面临建设工期紧、投资和工程量浩大、多国多方协调难度大等困难。当时在中亚天然气管道公司担任主要领导的孙波立下"确保按时建成管道"的誓言，经过中外员工的不懈努力，中亚天然气管道如期建成投产。

开展技术合作的途径主要有两条。

一条是通过跨国设立合资企业，发展战略同盟。战略同盟这种方式可以使同盟中的每个参与者都能集中精力从事各自效率最高的工作，为进入世界市场和各种互补技术的结合提供一个相对便利的途径。

2014 年 4 月 28 日，阿联酋总统签署法令，批准阿布扎比国家石油公司（Adnoc）与中石油国际（香港）有限公司合资成立 Al Yasat 石油作业有限责任公司，Adnoc 占股 60%，中石油占股 40%。公司被批准的陆上和海上区域内作业包括：原油开采所需的勘探、钻井和油井维护；生产所需的建设、操作和维护；原油采出后的加工、测量、存储、运输；原油销售和出口。

另一条是采用颁发许可证等方式。许可证是一种技术转让的战略手段，也是一种实现国际化的方式。当然，企业以技术、商标或其他独享的优势颁发许可证，目的是产生附加利润，中国石油也可以对外国公司颁发许可证，从而依靠独特的技术开拓某些市场。但应颁发其外围技术的许可证，而不是其核心技术许可证，避免失去技术领先优势、信誉和潜在利润的风险。否则甚至可能创造一个未来的竞争对手。

四是成立海外全新子公司，出资购买区块，进行单独开发，建立海外石油生产基地。通过购买区块，从风险勘探的源头做起，找到矿后再自主开发。这样做，虽然风险较大，但高风险往往带来高回报。找到矿，矿的价值往往就是找矿投资的几十倍，甚至几百倍。

苏丹六区（图 6-2）就是中国石油在苏丹获取的第一个石油勘探开发项目。以苏丹分公司苏丹 6 区项目启动为标志，揭开了

图 6-2　苏丹六区

中非能源合作大幕，并创造性地开始了"苏丹模式"的国际能源合作。

五是购买储量。出资购买外国的原油储量，可采用多种方式：直接收购业已探明尚未开采的油气储量；收购拥有一定储量的小型石油公司；购买业已开采、但还有一定剩余可采储量的老油田。这种做法风险小，但一般利润也比较少。当然，是否采用收购的方式获得储量，要根据比较经济利益原则，综合各方面的因素来考虑。

总之，通过国际化战略，我国石油企业在学习国外同行先进经验的同时，培育了互利双赢的经营理念，造就了一批优秀的石油人才，并且凭借着对先进技术的引进、消化、吸收和再创新，推动了我国石油工业由小到大、由弱到强，开启了建设国际一流能源公司战略目标的新征程。

6.2　自主创新战略

改进的东西好搞，创新的东西风险大。只有将评价改进与评价创新区别开来，社会才能形成创新的良好氛围。

——石油院士王德民

案例

我国首座自主设计、建造的第六代深水半潜式钻井平台（图6-3）——981钻井平台，于2008年4月28日开工建造，2012年5月9日在南海海域正式开钻。这是我国石油公司首次独立进行深水油气的勘探，是世界上

图6-3　第六代深水半潜式钻井平台——981钻井平台

首次按照南海恶劣海况设计的；它选用 DP3 动力定位系统，1500 米水深内锚泊定位，入级 CCS（中国船级社）和 ABS（美国船级社）双船级。该平台的建成，标志着我国海洋石油工业的深水战略迈出了实质性的步伐，在海洋工程装备领域具备了自主研发能力和国际竞争能力。

在国际油价低位震荡、资源劣质化矛盾突出、市场竞争日益激烈的今天，我国石油天然气产量继续保持了稳步增长，重要的支撑和驱动力量就是科技创新。在陆上油气勘探开发技术创新这一领域，中国石油持续保持国际领先，我国成为世界上唯一将三元复合驱技术实现工业化应用的国家，引领了全球采收率技术发展的新趋势。我国石油化工产业在引进、消化和吸收国外技术的基础上取得了一大批技术成果，提升了技术创新能力，但是也存在着自主核心技术少、成果转化率不高、低水平重复等一些问题。为建设创新型国家，保障国民经济和社会发展对能源的需求，提高我国石油行业的国际竞争力，必须实施自主创新战略。

6.2.1　创新驱动理论

创新有狭义和广义之分。狭义的创新是从发明与创新的联系和区别来理解的。美国经济学家曼斯尔德认为，创新就是"一项发明的首次应用"。广义的创新主要是从技术、市场、管理和组织体制等生产系统或经济系统的要素方面来理解。美国工业调查协会认为，"创新是指实际应用新的材料、设备和工艺，或某种已经存在的事物以新的方式在实践中的有效使用。"目前学术界比较公认的创新理论来自于奥地利政治经济学家熊彼特，他于 1912 年发表的著作《经济发展理论》中首次提出了创新理论。所谓创新，就是要"建立一种新的生产函数"，即"生产要素的重新组合"，把一种从来没有的关于生产要素和生产条件的"新组合"引进生产体系中去，以实现对生产要素或生产条件的"新组合"。熊彼特的创新理论认为，创新是生产过程中内生的，是一种"革命性"变化，创新必须能够创造出新的价值，创新是经济发展的本质规定，创新的主体是"企业家"。他认为，"创新"是经济增长和发展的动力，没有"创新"就没有发展。

"创新驱动"的概念是 20 世纪 80 年代著名管理学家迈克尔·波特最早提出来的。他以钻石理论（国家竞争优势理论）为研究工具，以竞争优势来考察经济表现，将国家经济发展划分为要素驱动、投资驱动、创新驱动和财富驱动四个阶段。这里的"驱动"意指推动经济增长的主要动力，创新驱动是依靠创新要素的新组合，使科技成果在生产和商业上应用和扩散，创造新的增长要素。

从创新驱动的内涵界定来看，科技创新是创造新价值、衍生新方法、产生新技术、提升新效益的主体，是衡量创新发展的主要表征，是实现创新驱动发展的核心要素。同时，创新驱动还要统筹考虑管理、人才和文化等要素，即将科技创新、管理创新、人才创新和文化创新有机衔接起来，构建系统完备、科学规范、运行有效的创新体系。

科技创新是经济社会发展的引擎。20世纪60年代的航天、20世纪70年代的电子、20世纪80年代的软件、20世纪90年代的互联网、新世纪的云计算……一些发达国家能不断实现跨越式发展，与其始终引领科技创新不无关系。在有十几亿人口的中国，要建设现代化、建成小康社会，必须充分依靠科学技术来支撑发展、引领发展。

科技创新是应对新时期、新挑战的战略选择。一方面，世界新科技革命迅猛发展，科技成果转化和产业更新换代的周期越来越短，科技实力对国家命运的影响越来越大；另一方面，我国经济结构不合理、发展质量和效益不高等问题依然突出，能源资源和生态环境约束加剧。突破发展瓶颈，实现全面协调可持续发展，掌握发展主动权，都有赖于创新驱动的决心和力度。企业是国家实施创新驱动战略的主体。据统计，目前世界科技研发投资的80%、技术创新的71%，均出自世界500强企业，62%的技术转让在500强企业间进行。近百年世界产业发展历史表明，真正起巨大推动作用的技术几乎均来自于企业。石油企业担负着保障国家能源安全、维护油气市场稳定供应的重要责任。当前，围绕全球能源资源的竞争日益激烈，资源劣质化趋势更加明显，成本费用刚性增长，生产经营创效难度持续加大，要全面履行责任、实现发展目标，迫切需要石油企业将创新驱动发展作为现实战略的选择，突出技术研发、创新活动和成果应用的主体地位，持续推进科技和管理创新，不断提升自主创新能力，加快建设创新驱动型企业。

6.2.2　自主创新的障碍与挑战

"十二五"期间，中国石油企业全力实施"优势领域持续保持领先、赶超领域跨越式提升、储备领域占领技术制高点"的科技创新工程，取得了众多重大标志性成果，但是，我国石油企业与国际大型油气公司相比，创新驱动发展在创新能力、创新环境、创新方式、创新人才等方面还存在着一定的差距。

在创新方式上，目前国内石油企业仍处于主要依靠投资来驱动的发展阶段，各级科技计划和项目成为引导企业创新的主要手段，企业大多希望得到更多的政策、资金和项目支持，通过扩大规模来推动发展。这种发展方式容易使企业创新指标化，盲目追求短期利益和眼前效果，缺乏长期创新战略。从长远来看，需要进一步转变创新思路和方式，立足现有资源条件，审时度势，推进实施适合自己的创新驱动发展战略。

在创新环境上，根据迈克尔·波特的钻石理论和发达国家的发展实践，能从根本上激发企业进行创新的重大环境因素主要包括生产要素条件、市场环境、需求水平、产业环境和政府角色五个方面。当前，创新驱动环境还不尽完善，创新机制不畅。以企业为主体的创新体系尚未真正建立，一方面产学研合作不够，石油化工类高校、科研机构和企业各成体系使技术优势游离于产业之外，企业需要的技术有时难以寻求，而科研部门需要转让的技术又难以找到合适的对象，从而导致技术优势难以转化成生产优势。另一方面，创新激励机制不完善，企业管理体制不合理、企业短期行为严重、知识产权保护不到位等制约着我国石化产业自主创新能力的提升。产、学、研、用结合不够紧密，企业并未真正成为新技术集成、产业化和商业化的平台。同时，创新融资渠道尚不通畅，知识产权保护不到位，政府相关职能有待进一步转变。

目前，世界石油化工企业的研究开发经费一般都占其销售额的 4% 以上，有的高达 10%。而国内主要的国有石油化工企业的研发费用不到销售额的 1%，大大低于国外水平。此外，我国石油化工企业的研发费用多是企业各自为战，没有形成合力，不同研究机构之间重复性工作较多，研发费用的利用效率还有待提高。

在创新能力上，企业自身的科技创新体系还不够健全，创新技术和产品市场培育不足；创新资金投入较为分散，创新资源整合程度有待提高；部分创新主体定位不清，存在科技创新与生产应用"两张皮"现象；创新技术和产品产权保护力度不够，有效调动科技人员积极性的激励机制仍需健全；创新人才特别是科技领军人才不足，科技人才还不能完全满足企业发展需要。

在创新人才上，研发队伍不精。在数量上，人才总量不足，企业研发人员占全部员工的比重偏低，如中国海油的研发人员占职工人数的 5% 左右，而国外公司这一比例一般在 8%~20%，有的甚至高达 80%。在质量上，研发人员的专业素质参差不齐、结构不合理，一般人才供过于求，而原创研发人才、生产管理人才、工程开发人才和高技能人才却相当紧缺。

在创新硬件条件上，我国石油技术装备落后。尽管我国石油石化装备业发展势头强劲，但与发达国家相比，目前仍处于"大而不强"的局面。达到国际先进水平的技术装备仅占1/3，而且国产装备的国内市场满足率不到60%，在油气重大技术装备领域这一比率更低，特别是技术含量高的石油天然气装备、井下工具、关键核心设备，几乎全部依靠进口。

此外，企业还面临着激烈的国际竞争。从全球来看，石油化工行业的产能开始过剩，跨国公司将其发展重点和市场重点逐步转向亚太地区，中国内地市场正是其重中之重。中东等传统油气资源出口国也努力向下游高性能、高附加值产品延伸，这些都对我国石油化工行业形成较大的竞争压力。

中国石油要缩小与国际石油公司的差距，树立独有的技术优势和竞争优势，从而占领技术市场的份额，必须走自主创新之路。

6.2.3 自主创新战略的主要内容

石油企业实施创新驱动发展战略，应牢固树立全球视野和战略思维，以自主创新作为发展的战略基点，以科技创新为核心实施创新驱动发展战略，着力提升创新能力、完善体制机制、推进研发应用、优化创新环境，持续提升企业发展内生动力，使创新驱动作用更加显著，创新效益大幅提高，全面增强企业国际竞争力和可持续发展能力，加快实现由投资和要素驱动向创新驱动发展阶段的转变，由创新型企业向创新驱动型企业转变。

一是要坚持"产学研协同创新"之路，不断提升创新能力。对于中国石油而言，技术创新在于缩小与跨国石油巨头之间的差距，保持核心业务的领先地位。所以，中国石油要进一步加大科技研发攻关力度，瞄准世界科技发展前沿，强化企业在自主创新成果推广应用中的主体地位，着力突破和获取一批重大关键技术、前沿技术和先进适用技术，为实现创新驱动发展奠定坚实技术基础。要努力搭建好行业创新平台，加强研发条件平台建设，推进重点实验室、实验基地和研究试验平台建设，完善科技资源共享网络平台，为产学研协同创新集聚更大优势。按照行业技术发展战略规划和向石油和化工强国跨越的目标，继续加大投入，建设一批更高质量、更高水平的产业技术创新战略联盟；加强与国际大公司创新方面的合资合作，适时稳妥推进技术公司并购；加强国际科技合作和交流，积极参与国际科学计划，在更大范围、更高层次上引进、消化、吸收先进成果，构建开放式创新网络体系，推动建立长期稳定的产学研合作项目，提高创新时效性和影响力，为突破行业发展关键技术和行业转型升级提供新鲜土壤，为产学研优势集聚提供更大空间。

拓展阅读

壳牌公司技术创新平台

壳牌公司的创新与研发主要关注创新前沿技术的投入应用速度，积极营造创新激励环境。其开放式的技术管理平台为所有创新人员提供，激发研发热情，凝聚创新智慧，被视为"技术引擎"。研发人员所有的初始创新、技术构思和创意经过分析筛选，进入研究、开发、演示阶段，最后进入生产和应用阶段。壳牌公司 Game Changer 计划已连续执行多年，是技术创新的重要载体和平台（图6-4），该项管理帮助员工将创新想法转化为企业价值，向董事会提交更好的投资方案。

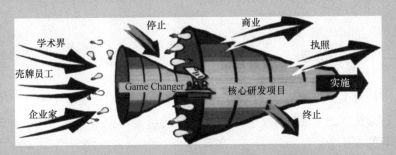

图6-4　壳牌公司技术创新平台

二是要坚持市场导向的产品创新之路，不断完善创新方式。由于在全球范围内蕴藏着极为丰富的天然气资源，壳牌、埃克森美孚、雪佛龙德士古和 BP 等跨国石油巨头纷纷开发了天然气合成油工艺，并逐渐将其研究成果产业化，形成了新的利润增长点，提高了这些石油巨头的竞争力。我们可以学习、借鉴这些公司先进的经验，根据市场需求及不同市场存在的差异，开发符合各种市场需求的产品，并根据市场需求的变化采取相应的措施，尤其是针对新产品的开发所采取的改变。

壳牌对其处于行业领先的 LNG（液化天然气）技术和天然气合成油技术进行商业化，并继续保持行业领先地位，通过打入新的市场和开发新的客户群拓展天然气的销售与贸易等业务，这些创新措施使得壳牌在市场竞争中始终处于领先地位。

同样，中国石油石化企业也必须密切关注国际市场的需求动态，针对细分市场开发出符合不同客户需求的产品与服务，从而扩大市场的占有率。高附加值产品是企业利润的核心来源，通常高附加值产品所带来的利润占到企业全部利润的一半以上。高附加值产品的成功与否，往往决定着一个企业的成败，尤其是特种润滑油等高附加值类产品，应该成为中国石油石化企业今后业务发展的一个侧重点。此外，应设立科技创新风险基金，以支持企业内外部科技人员围绕主营业务领域开展风险创新，打破常规和体制障碍，促进瓶颈技术突破和超前技术储备。中国石油石化企业的研发工作不仅应该体现在对当前技术问题的攻关，而且应未雨绸缪，提前规划，为未来的发展储蓄技术实力，才能确保公司长期保持竞争优势。

王德民以其独特思维和敢于创新的突出特点，在油田开发的注水和三次采油等方面取得了多项重大科研成果，使中国在这些领域处于国际领先水平。

2016 年 4 月 12 日，国际编号为 210231 号的小行星，正式命名为"王德民星"，以褒奖他对石油开采技术的卓越贡献。

实施自主创新战略，最关键的是要掌握和拥有自己的核心技术。只有拥有核心技术，才能发挥主体地位，才能持续地向国家奉献能源，才能增强企业的竞争力。

三是深化科技创新体制机制改革，营造良好的创新环境。首先要重视知识产权保护。建立知识产权工作全员责任制，完善知识产权归属和利益分享机制，建立技术转移激励机制，制订有效的权益保障制度和成果转化激励制度，保护科技成果创造者的合法权益。其次要优化创新人才成长环境，建立健全有利于创新人才成长和优先发展的培训、使用、评价和激励机制，重点培养造就领军人才、高层次创新型科技人才和高水平青年创新团队；实施创新人才职业生涯管理，提高成才效率，缩短成长周期，激发全员创新热情和创新活力。再次要营造创新文化氛围。树立正确的创新理念，不断深化对创新的认识，加强对创新规律的研究，积极倡导人人争创新、人人支持创新的精神，营造尊重知识、尊重人才、允许失败、敢于尝试的氛围，鼓励员工突破传统思维和做法，积极投身革新创造。

案例

建设优秀科研团队

每一个人身上都有创新的 DNA，每一个人都可以成为成功的创新者，关键要培养创新能力，激发创新激情，挖掘创新潜力。

应通过制订创新人才培养计划，建立优秀人才培训和国际交流机制，有计划地在重大科技项目中启用年轻人才，在实践中培养和发现高水平创新人才，提高我国石油人才的整体素质；通过建立健全新型创新人才激励机制，充分调动广大科技人员的积极性和创造性。合理使用人才，鼓励人才大显身手；通过建立合理的人才流动机制，促进研发人员规范有序流动，最大限度发挥创新人才作用，同时要继续坚持吸引国内外优秀人才加入中国石油企业创新创业；通过实施国际化人才培养战略，重点建设能从事海外油气资源项目分析和研究的人才队伍，缩小与世界石油企业国际化人才的差距。

面对当今世界新一轮科技革命和产业革命，实施科技创新战略的要求比以往任何时候都更加重要、更加迫切。坚持创新铸剑，创新筑基，创新铸才，创新铸魂，"十三五"时期，中国石油将把科技创新作为企业稳健发展、有效应对低油价挑战的第一动力，突破制约企业发展的重大核心技术瓶颈，发挥科技创新在全面创新中的引领作用，为把我国石油企业打造成国际知名的创新型企业加油、努力。

6.3 现代"竞合"战略

二人同心，其利断金。

——《易经》

案例

英石油与多家中国公司展开合作

英国石油公司和中石油于 2001 年合资组建的中油碧辟石油有限公司是由国家商务部批准运营的成品油零售领域第一家规模最大的中外合作项目，在广东省经营 400 多家双品牌加油站；英国石油公司和中石化于 2004 年合资组建的中石化碧辟（浙江）石油有限公司，在浙江省经营超过 300 家双品牌加油站。

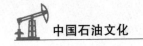

经历了广东、浙江的积累之后，随着中国油品终端零售市场的放开，英国石油公司此次与东明石化的合作剑指北方市场。双方将在山东、河南及河北开展高端品牌成品油零售和便利店业务。在相关监管机构批准后，两者的合资公司预计于2018年开始运营，并计划在10年内将加油站网络发展至500家。英国石油公司拥有合资公司49%的股份，东明石化拥有51%。

双方的互补性很强，东明石化在山东、河北和河南三个省份本身就有较好的网络，对本地市场非常熟悉，具有成熟的炼油能力。加上英国石油公司强大的品牌，高品质的燃油产品，还有经营便利店加加油站模式的经验，能够为客户提供非常便捷的服务。

（资料来源：王勇，能源杂志，https://www.xianjichina.com/news/details_75923.html。）

英国石油公司与中国石油企业已经在多领域开展合作，在液态天然气方面更将进行长达20年的合作。除了与英国公司合作外，中国石油企业在石油全产业链上已经与多国建立了良好的合作关系，加快了开拓海外石油市场的步伐。但是，这种合作方式也可能存在过度竞争、注重自身利益而忽视国家利益等问题。因此，要提高中国石油企业的国际竞争力，必须实施"竞合"战略，做到竞争有度、合作共赢。

6.3.1 竞合战略

竞合战略泛指通过与其他企业合作来获得企业竞争优势或战略价值的战略。竞合战略就是竞争中求合作，合作中有竞争。竞争与合作是不可分割的整体，通过合作中的竞争、竞争中的合作，实现共存共荣，一起发展，这是企业竞争所追求的最高境界。竞合的着眼点在于把产业蛋糕做大，在做大蛋糕的基础上大家都有可能比以前得到的更多，从而使企业能在一个较小风险、相对稳定、渐进变化的环境中获得较为稳定的利润。竞合的实质是实现企业优势要素的互补，增强竞争双方的实力，并且将其作为竞争战略之一加以实施，从而促成双方建立和巩固各自的市场竞争地位。

"竞合战略"一词最早出现在1996年博弈理论与实务专家布兰登博格（Adam M. Brandenburger）和奈勒波夫（Barry J. Nalebuff）出版的《竞合战略》一书中。该书一经出版立即在实业界和理论界掀起一股热销和讨论的浪潮。竞合战略是博弈理论的应用，它是关于创造价值与争取价值的理论。创造价值的本质是合作的过程，争取价值的本质是竞争的过程。竞合策略的主要观念是增加互补者（Complementors），运用互补者的战略可使你的产品和服务变得更有价值。

竞合是博弈论的一种客观必然。在博弈论模型中，根据全体局中人的支付总和是否为零，分为零和博弈与非零和博弈。"非零和博弈"和"合作博弈"的理论给企业经营者以启示：竞争是市场经济的不变规律，然而竞争的战略和手段却是多样的。新时代的竞争战略是以"合作"与"培养竞争伙伴"为主题的，在竞争中与对手长期相互依存，共同进步，谋求长久的竞争环境和稳定的市场份额。竞合理念正是一个典型的合作博弈类型。今天的商业运作是战争与和平的综合体。在做蛋糕的时候，商场需要合作；在分蛋糕的时候，商场需要战争。战争与和平是同时发生的。任何行为的目标都是为了要让自己好，然而"让自己好"不一定要牺牲别人。在既合作又竞争的精神下，采取"双赢"模式才明智。

拓展阅读

零和博弈与非零和博弈

零和博弈（Zero-sum Game），又称零和游戏，与非零和博弈相对，是博弈论的一个概念，属于非合作博弈。这是指参与博弈的各方，在严格竞争下，一方的收益必然意味着其他方的损失，博弈各方的收益和损失相加总和永远为"零"，各方不存在合作的可能。这也可以说成：自己的幸福是建立在他人的痛苦之上的，二者的大小完全相等，因而双方都想尽一切办法以实现"损人利己"。零和博弈的结果是一方吃掉另一方，一方的所得正是另一方的所失，整个社会的利益并不会因此而增加一分。

非零和博弈（Non-zero-sum Game）是一种合作性的博弈，博弈中各方的收益或损失的总和不是零值，它区别于零和博弈。在非零和博弈中，对局各方不再是完全对立的，一个局中人的所得并不一定意味着其他局中人要遭受同样数量的损失。也就是说，博弈参与者之间不存在"你之得即我之失"这样一种简单的关系。其中隐含的一个意思是，参与者之间可能存在某种共同的利益，蕴涵博弈双方存在"双赢"或者"多赢"的可能，进而达成合作。

竞合是双赢思想的体现。所谓"双赢"，就是要从传统的企业之间非赢即输、针锋相对的关系，改变为更具合作性、共同为谋求更大利益而努力的关系。今天的对手明天就可能是合作伙伴，在经济交往中应该树立宽容、疏导、和解、协作的观念，树立优势互补和双赢的思想。合作就必须尊重对方利益，只有尊重对方利益才能双赢。双赢也正是一种典型的合作博弈。我们应当明白，恶性竞争对双方都没有好处，只能使双方两败俱伤，根本不会产生赢家。我国家电业恶性的价格战曾使全行业被榨干了绝大部分利润，石油行业要引以为戒。因此，企业应该树立一种与竞争对手合作的观念，共同把蛋糕做大，而不是只将眼光放在如何搞垮对方、争夺市场上。在全球的能源产业中，中国与美国、中国与俄罗斯既可以是竞争者，也可以是互补者。我们可以用竞合战略的眼光去看待中国与其他国家的关系。商场非战场，不再崇尚谁吃掉谁的"丛林哲学"，而是在寻求竞合和双赢。不知道怎样与对手合作，就无法参与竞争。中国石油企业要充分认清现实世界产业环境和对手状况，一方面要善于向国外学习、争取合作的机会，迅速提升自身能力；另一方面要清楚目前和外方合作要提高警惕，小心处理竞合关系，避免被廉价利用。只有修炼好内功，抓住机遇，聪明地选择竞合方式才能使中国石油企业更好地走向世界。

竞合战略作为一种不同于传统竞争和合作准则的重要思想或战略，具有二维性。将合作与竞争作为两个维度变量，合作竞争是合作连续统一体和竞争连续统一体的结合，合作与竞争两维度不同情形的变化组合构成了二维连续合作竞争。根据二维合作竞争连续变量的强弱，将二维连续合作竞争分为四种类型：竞争主导型（低合作高竞争）、合作主导型（高合作低竞争）、合作竞争平衡型（高合作高竞争）和双低型（低合作低竞争）（图6-5）。

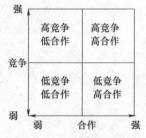

图6-5　二维竞争合作类型

6.3.2　开拓海外市场存在的问题及原因

目前，运用竞合策略降低企业间的重复建设，提高能源效率，保证合理石油质量和价格等已经成为势不可挡的潮流。但是在开拓海外市场的竞争与合作过程中也存在着一些问题。

问题1：海外市场"撞车"现象

现在的海外油气资源市场是一个"卖方市场"，油气资源的竞争非常激烈。面对一个海外项目，多家石油企业往往蜂拥而上。中国石油、中国石化等大石油公司面对天然气资源发展广阔前景的巨大诱惑，纷纷抢先建造油气管道占据市场份额，其他大石油公司也想争得一席之地。然而正是由于公司之间的竞争，缺乏沟通与合作，使得油气管道的建设出现重叠、"撞车"现象，造成资源浪费。

2008年6月，伊拉克面向外国石油公司公开招标，从125家投标企业中筛选出35家外国石油公司开始角逐伊拉克石油这块蛋糕，中国有4家石油企业参与了竞争，出现了"撞车"现象。

另外，在其他的油气资源市场上也经常出现中国多家石油企业竞争同一个项目的现象，这大大分散了中国石油企业在国际市场上的竞争力量。

问题2：企业相互间的"拆台"现象

中国各大石油企业为了实现自身的战略版图扩张，常常会与其他石油企业的战略版图相重合，由此，产生了利益冲突，有时为了自己的利益，甚至不惜牺牲同胞企业的利益。这种现象，显然不利于石油企业之后的和谐健康发展。

问题3：企业利润空间小，国家利益受损

中国石油企业为了中标海外石油项目，普遍报价偏低，利润非常少，有时甚至入不敷出。

2009年，中国石油联合英国BP拍得伊拉克最大油田——鲁迈拉油田，而给中国石油带来的收入仅仅是2美元/桶，并没有给国家带来任何石油资源的进口。

以上现象产生的根本原因，主要是中国石油企业间过度竞争，缺少合作。具体来说，有企业自身的原因，也有国家缺乏相应的政策引导的原因。

第一个原因：合作竞争意识淡薄。中国石油企业在进行国际石油竞争时大多是孤军奋战，缺乏与同胞石油企业合作，失去了合作竞争的主动性。我们回顾中国石油的海外扩张之路，其曾经与英国BP公司、哈萨克斯坦国家石油和天然气公司、道达尔勘探生产伊拉克公司、马来西亚石油公司等外国石油公司联合，与国内石油企业的合作却很少。可见，激烈的竞争使其将合作对象转向了国外，而忽视了与国内兄弟公司间的合作。

第二个原因：缺乏沟通和协调。中国石油企业向海外扩张，"撞车"现象在所难免。每家石油企业开拓海外市场的根本动机是自身利润的最大化，因而，当出现多个中国石油企业争夺一个石油项目时，往往想到的是与实力更为雄厚的大型跨国石油公司合作，单独参与国际竞争，错失联合获得项目的机会，使得企业投入的前期成本成为沉没成本。这对中国石油企业的发展和能源战略的实现是不利的。

第三个原因：协调组织机构不健全。中国大型石油企业目前由能源局领导，但能源局的力量是有限的。当多家石油企业在海外市场出现矛盾的时候，除了自身的协调外，还缺乏相应的协调组织机构，即企业、政府之外的第三股力量——社会团体或者组织机构。在中国，此类组织目前有石油学会、石油化工信息学会等，而这两个组织在中国各大石油企业的协调中并没有起到明显的作用。

第四个原因：缺少国家政策引导。目前，国家对石油企业开拓海外市场的政策强调了市场的自动调节作用，符合了市场的淘汰机制，然而，过度的竞争则损害了国家的利益。中国各大石油企业作为各自独立的个体，如果没有国家政策的引导、相关法律法规的约束，权责不分，任其自由发展，从长远来看，无论是对企业自身还是对国家的能源安全来说都是不利的。

要克服这些问题，增加成功的机会，中国石油企业必须进入相互联合的王国，共同开拓市场、参与市场竞争，实现 1 + 1 > 2 的协同效应。

6.3.3　中国石油企业开拓海外市场的竞合策略

根据布兰德伯格和内勒巴夫的研究，价值创造本质上是一种合作过程，而价值获取（或分配）则本质上是一种竞争过程；企业间在共同开拓或占领市场时通常会相互合作，而在分配市场份额或分配收益时则会相互竞争。因此，应根据各环节特点，以及各环节是创造价值的过程还是分享价值的过程，明确中国各大石油企业的竞合导向以及在各环节的工作重点，对具体问题进行具体分析，如表6-1所示。

表6-1　中国石油企业开拓海外市场的竞合导向

流 程 环 节	竞 合 导 向	工 作 重 点
获取市场信息	强合作弱竞争	搜集并分析市场信息 分析宏微观环境

（续）

流程环节	竞合导向	工作重点
项目可行性分析	强合作弱竞争	建立项目可行性分析体系 建立项目风险评估体系 进行可行性分析和风险评估
竞合伙伴选择	弱合作弱竞争	各种力量的衡量和分析
合作投标和经营	强合作弱竞争	合作建立海外项目联合体 共同与其他竞争者竞争 技术、资金、劳务、基础设施等的合作
利益分配	强竞争弱合作	公平分配利润

策略一：坚持国家和企业利益兼顾的原则。中国石油企业开拓海外市场的过程，不仅是自身壮大的过程，还是国家能源战略实施的过程。必须坚持国家利益最高的原则，把国家利益与企业利益紧密结合起来，避免为了各自的利益过度地内部竞争、相互打压、抬高价格、相互"残杀"，陷入所谓"国际化"的陷阱。

策略二：增强合作竞争意识。中国石油企业必须认识到其需要承担的社会责任，转变过去"各自为营"的观念，积极寻求相互合作的机会。虽然我们的企业具有很强的竞争力，但是在参与国外油气资源的勘探开发方面，与国外一流石油公司相比，仍有一定的差距。在复杂的国际环境、强大的竞争对手、不稳定的外在因素等情况下，中国的石油企业必须联合起来，积极合作，采取竞合的战略措施才能取得突破，才能提高其国际竞争力。

策略三：建立有效的沟通协调机制。中国的石油企业之间应有效地实施竞合策略，从石油的勘探、开发、储运、炼化、油品销售一直到国内外的市场分布、资金、技术能力等都需要有清晰的了解，充分利用对方的能力，节约成本，为合作找到机会，协调好利益分配。

策略四：成立开拓海外市场的"联合体"。要彻底改变中国石油企业在海外单打独斗的局面，避免在"走出去"寻油的项目中"撞车"。中国石油企业必须建立统一协调的机制，整合内部资源，加强联合、一致对外，适应国际竞争的"非零和博弈"和"合作博弈"。"联合体"的形式很多，战略联盟是近几年较为流行的一种方式。联盟成员之间既相互独立，又具有利益的相关性；既有合作，又有竞争。

策略五：制定执行竞合协议的奖惩措施。合作是有风险的。博弈双方是否合作，要看是否存在一个具有约束力的协议，使参与人实现帕累托最优。中国石油企业各自作为市场主体，会在各自的利益驱动下，寻找更有利于自己的机会，如为了实现自身利益最大化，暗自寻找其他的合作伙伴，而不实现当初的利益公平分配的承诺等，这些都会破坏竞合关系。因此，参与竞合的石油企业必须增强自我约束，维护竞合的基础，主动执行竞合协议，否则就会受到协议的惩罚。

策略六：加强石油企业间员工的交流。员工之间的交流可以促进良好文化的形成，避免在合作的过程中由于文化的差异导致效率低下等现象的发生。企业间合作时，个人关系的改进有利于知识获取和技术的分享，提高技术研发的效率，对合作绩效产生积极影响，并且这种影响在竞争程度高且合作程度也高的竞合关系中最有效。

中国石油企业在开拓市场的过程中，要担当起维护国家石油安全的重任，以实现双方的共同利益为目标，相互信任，互惠互利，在竞争的同时加强合作，不断提升综合实力和国际竞争力，为推动能源革命和全面建成小康社会做出贡献。

思考题

1. 什么是国际化战略？中国石油企业为什么要实行国际化战略？

2. 目前中国石油企业在自主创新上面临哪些挑战和障碍？实施自主创新战略的途径有哪些？

3. 什么是竞合战略？中国石油企业如何在开拓国外市场中实现"双赢"？

在线测试题

一、选择题（单选、多选）

1. 为确保国内市场的石油供应和国家能源安全，中国石油企业必须走出国门，实施（　　）战略。

A. 自主创新战略　　　　　　　　B. 国际化发展战略

C. 自力更生战略　　　　　　　　D. 现代竞合战略

2. 我国石油化工产业自主创新目前存在着（　　）障碍。

A. 技术装备落后　　　　　　　　B. 创新机制不畅

C. 资金投入偏低　　　　　　　　D. 国际竞争激烈

3. 开拓海外市场目前主要存在（　　　）等问题。

A. 企业相互间的"拆台"现象　　　　B. 资金不足

C. 企业利润空间小　　　　　　　　D. "撞车"现象

4. 中国石油企业实施国际化战略要充分利用国内外（　　　）。

A. 两种资源　　　　　　　　　　　B. 两个市场

C. 两种资金　　　　　　　　　　　D. 两种人才

5. 国际编号为 210231 号的小行星，正式命名为（　　　）星，以褒奖他对石油开采技术的卓越贡献。

A. 王德民　　　　　　　　　　　　B. 王进喜

C. 王启民　　　　　　　　　　　　D. 李新民

二、材料分析

2009 年以前的美国，是全球最大的石油进口国，每年原油进口量达 5 亿吨，占美国原油消费量的 60% 以上。页岩油商业化生产的成功，确保了美国的能源供应，降低了对外依存度，使美国油气开采行业浴火重生。2014 年，美国石油产量大幅上升，达到日产 895 万桶，同时，进口原油占美国国内消费比重从 2005 年的 60% 大幅下降至当前的 30%。国际能源署（IEA）估计，到 2020 年，美国会超过沙特阿拉伯王国，成为全球最大的产油国。

从页岩气到页岩油的成功，给美国创造了成千上万的就业机会，促进了经济的复苏。油页岩水平钻探和"水力压裂"技术日臻成熟并得到大范围推广，对世界石油工业的发展都是不小的贡献。

结合上述材料谈谈页岩油的成功对中国能源创新的启发。

第7章

石油工程伦理

培养石油工程伦理意识，树立合理的工程伦理价值观。

伦理是文化的深层要素，本章从伦理的角度探讨中国石油文化，从微观层面谈石油工程伦理，关注的是履行责任的主体——"石油工程师"，围绕"为什么石油工程要具有伦理视野""石油工程中存在着哪几层伦理维度""石油工程师如何履行责任"三个问题展开。

世界上有两件东西能震撼人们的心灵：一件是我们心中崇高的道德标准；另一件是我们头顶上灿烂的星空。

——康德

7.1　石油工程的伦理意蕴

案例

2010 年 4 月 20 日，英国石油公司租用的一个油井设备在墨西哥湾深海发生爆炸，11 名工人失踪。随后发生的墨西哥湾漏油事件引起了全世界的关注。虽然英国石油公司竭力控制漏油，并安抚人们愤怒的情绪，但人们对于漏油事件的恐慌还是在慢慢扩散。美国政府在政府网站和视频网站 Youtube 上直播深海摄像机拍下的漏油实况，人们也时刻在网上关注事件进展。

全球各界提供了 12 万多个漏油解决方案，其中 20 多个办法被采用。直至 2010 年 7 月，新的控油装置才成功罩住水下漏油点。这一事件对美国南部海岸产生的生态影响不可逆转。

（资料来源：http://news. hexun. com/2010-12-10/126117275. html）

2010 年 4 月 20 日美国墨西哥湾发生了原油泄漏事故，事故造成了近 1500 千米的海滩受到污染，至少有 2500 平方千米的海水被石油覆盖，多物种灭绝，严重破坏了墨西哥湾的生态平衡，被美国前总统奥巴马比作环保界的"911"事件。全球语言检测机构公布的 2010 年全球年度热词调查显示，"漏油"位居榜首。这反映出墨西哥漏油事件对全球的影响。

为什么会发生溢油事故？对事故原因的探究，使我们不得不思考石油工程建设项目除了要考虑技术因素、经济效益外，是否有更重要的价值需要我们予以关注。

7.1.1　石油工程的特点及伦理相关性

石油工程是对石油资源进行勘探、开发、集输、炼制的实践活动，也是一个知识密集、技术密集、资金密集、风险密集的复杂系统。高风险是其突出的特点。

1. 高度风险性

石油工程的高风险性首先是因为石油工程活动是在一个复杂环境中进行的。例如，埋藏石油的地方，地面自然条件和地下岩层状况千差万别，有各种气候条件下的海洋、湖泊、沼泽、沙漠、丘陵、草原、村庄、城市；石油的埋藏深度从地下几百米直至地下几千米，有的地方同一口井在不同深度、不同厚度、不同性质的岩层里同时储藏有不同性质、不同压力状态的石油。如此千变万化的条件增大了石油开采的复杂程度、成本和风险性。

其次，石油工程的高风险性还在于其中充满着复杂的因素和变量。工程设计人员不仅要考虑工程发生的特定地区的气候环境、地质地貌、水文植被、交通条件、生物资源等自然因素，还要考虑该地区的文化习俗、政治信仰、经济结构、宗教关系、政治生态等社会因素，甚至要考虑这些因素间的彼此关系。

再次，石油工程系统各风险因素以非预期、非线性的方式交互作用，系统内部工程知识技术的运用和系统外部各种社会的、经济的、政治的、伦理的变量，相互交织在一起，系统任何一个变量的微小变化都可能对系统的整体产生无法估量的巨变，会浪费不可再生的油气资源，导致财产损失，环境污染，甚至是人员伤亡，带来灾难性后果。

如何降低工程风险？优化工程知识技术是降低工程风险的有效手段，但值得注意的是在这里知识技术仅仅是手段，采用何种知识技术、如何合理运用知识技术取决于价值理念。伦理是对价值进行反思评估筛选，进而决定着整个工程的价值方向，因此工程活动不能缺失伦理维度。

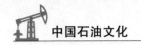

2. 复杂社会性

石油工程的第二个特点是复杂社会性。石油工程活动还是一种社会化活动，是对技术、市场、产业、经济、环境、劳动力、社会及相应管理的综合集成，触及社会生活的方方面面。石油工业是国民经济的重要基础，对经济、政治、环境具有直接的影响，承载着政治、经济、文化等多元价值，受到广泛的社会关注。同时，石油工程作为大型工程项目，需要持有不同立场的多元主体协作完成，必然涉及利益、责任的分配，其伦理相关性相当突出。

综上，从石油工程的特点看，它的高度风险性和复杂社会性使遵守伦理成为其内在诉求。

7.1.2　石油工程事故的伦理审视

从现实角度看，石油工程事故的频繁出现，迫使人们加强对石油工程活动的伦理审视。

案例

2013 年 11 月 22 日 10：30，中国石化东黄管道原油泄漏到市政排水渠中发生爆炸（简称黄岛管道事故），事故造成 62 人死亡，成为我国最严重的管道事故。随后我国又发生了非常类似的管道事故：2014 年 6 月 30 日 18：30，大连一家施工企业在大连金州新区进行水平定向钻施工时，将中国石油新大一线输油管道钻通，导致原油泄漏，溢出原油流入市政污水管网，在排污管网出口出现明火引起火灾爆炸。2014 年 7 月 31 日 20：30 左右，中国台湾高雄市穿越市区的一条丙烯管道泄漏到地下排水沟，3 小时后发生连环爆炸，28 人遇难、287 人受伤，另有 2 人失踪。

（资料来源：张宏，《解读黄岛事故调查报告，落实管道完整性管理》，刊于《油气储运》，2014 年第 11 期）

以黄岛事故为例，事故发生的直接原因是未大修管道腐蚀减薄破裂，原油泄漏流入排水暗渠，液压破碎锤产生火花引发油气爆炸。

事故发生的间接原因是企业安全生产主体责任不落实，隐患排查治理不彻底，现场应急处置措施不当，地方政府贯彻落实国家安全生产法律法规不力。

从直接原因看，似乎事故的发生是偶然的，但从间接原因看，事故的发生则是必然的。这些事故的发生与管理者、监管者以及工程师伦理意识淡漠、责任缺位不无关系。

实际上，在石油工程活动中存在着许多伦理问题。

比如在工程设计中，缺乏以人为本的理念，单纯考虑经济因素，不注意对文化多样性和生态环境的保护；在工程决策中，不通过民主、科学的决策程序，而凭长官意志拍脑袋；或考虑地方保护小团体利益而不顾全局和公众利益。还有在工程施工过程中，规章制度不健全，偷工减料而造成严重的质量事故；因管理漏洞造成资源浪费和环境污染；工程评估流于形式，不能对工程的利益、成本和风险做公正客观的评价等等。可见，价值的冲突贯穿在整个石油工程活动中。如果我们不能深刻认识这种伦理关系，不仅不能弱化工程事故已带来的负面影响，而且还会引发新的问题。

为了使石油工程更好地保障国家能源安全，更好地服务于经济社会发展，势必需要从伦理的高度审视当前石油工程活动的价值合理性。因此，将石油工程纳入伦理的考量既是石油工程本身内在的诉求也是现实发展的必要举措。

拓展阅读

《深海危机：墨西哥湾漏油事件》

2010 年 4 月 20 日，英国石油公司（BP）在美国墨西哥湾的"深水地平线"钻井平台喷发并引发剧烈爆炸，导致 11 人丧生，大量原油向世界最富饶的渔场喷涌而入，6475 平方千米海域被浮油覆盖。这场事故堪称美国历史上最严重的人为环境灾难之一。《深海危机：墨西哥湾漏油事件》介绍了这一事故发生的经过及所造成的危害，汇集了美国自然资源保护委员会（NRDC）科学家、研究人员、环保活动家收集的有关资料和研究成果，探讨了事故发生的原因和应吸取的教训，提出了预防发生类似事故及减少石油消耗的建议。

电影《深海浩劫》（图 7-1）正是根据墨西哥湾漏油事件改编的。

图 7-1　由真实事件改编
的电影《深海浩劫》

（资料来源：[美]彼得·雷纳，鲍勃·迪恩斯，李旸译，《深海危机》人民邮电出版社 2011 出版）

7.2 石油工程伦理的三重维度

可持续发展是工程师的职业责任。任何工程活动都受到一定思想观念的指导，可持续发展的工程观是工程师最重要的职业道德内容，也是未来工程创新的方向。

——徐匡迪

7.2.1 技术伦理

石油工程内涵伦理意蕴，可以从三个维度去理解，首先是技术维度。

石油工程是各种技术的应用与集成，没有技术，工程就无从谈起。所以石油工程活动首先是一种技术活动。

那么，对于这种工程技术活动是否应该进行道德评价和道德干预呢？

工程哲学家塞缪尔佛洛曼认为，工程技术只有技术上的先进和落后之分，不存在技术选择的恰当与正当的道德问题。这种观点在工程界比较流行，与之类似的是技术中性论观点。

1. 技术中性论

在持技术中性论的思想家中，以雅斯贝尔斯的表述最为典型。他说，"技术在本质上既非善也非恶，而是既可以为善也可以为恶，技术本身不包含观念，既无完善的观念也无恶魔似的毁灭观念，完善观念和恶魔观念有其他的起源，这就是人，只有人才赋予技术以意义。在雅斯贝尔斯之后，L. 怀特、G. 梅塞纳、卡西尔、H. 萨克塞等人也持相似的看法。当代著名技术哲学家 A. 芬伯格在《技术批判理论》一书中曾列举了技术"中性论"的四种观点：①技术仅仅是一种工具手段，它与所服务的目的之间没有关系，也就是说，技术本身是价值中立的。②技术与政治之间似乎也没有关系，至少与社会制度之间没有关系，"一把锤子就是一把锤子，一台汽轮机就是一台汽轮机，这样的工具在任何社会情境中都是有用的。"③技术所依赖的可证实的因果命题像科学观一样，在任何社会情境中都能保持其真理的普遍性。④技术的效率标准是普遍的，技术标准可以应用到不同的背景中，"技术通常被认为在不同国家、不同时代和不同文明中都能提高劳动生产率。"⊖

⊖ 吴致远. 有关技术中性论的三个问题 [J]. 自然辩证法通讯，2013，35（6）：116.

简单地说，所谓的技术中性论认为，技术只是一种手段，中立于价值之外，本身并无善恶责任问题。人用技术干坏事，干坏事的这个人要负责任，而他采用的技术本身没有责任，或者为其提供技术的这个人本身没有责任。

2. "技术中性论"遇到的挑战

技术中性论的讲法似乎是有道理的，但是，它忽略了技术作为工具、手段，具有意向结构，不是价值中立的。这个意向结构是由制造这种工具、技术的人所赋予的，是技术制造者的目的，及其所处的社会需要的体现。这种目的、需要并非与价值无关。或者进一步讲，技术是有价值趋向、负载价值的，价值是多元的，其中之一就是政治价值。

法兰克福学派的代表人物马尔库塞较早地表达了这种技术表达政治的主张。受马尔库塞影响，当代新卢德主义（Neo-Luddism）在其基本原则和思想纲领中也明确指出："所有的技术都具有政治性，（技术）远不是可被用来行善或作恶的中立的工具。"美国著名技术哲学家 L. 温纳也认为，"技术本身"是政治性的。国内也有学者认为，"无论从构成特质看，还是从运用后果看，技术都是负荷政治的。"⊖

石油工程技术中，明显体现出这种"政治性"。南海具有丰富的资源，石油地质储量在 230 亿～300 亿吨，约占中国总资源量的三分之一，南海水深 1000 多米处有可燃冰。多年来，在更广阔的南海海域，中国几乎没有任何大规模的原油开采，我国必须在深水油气开发多有作为。在这样的背景下，2012 年中国海洋石油 981 号钻井平台首钻成功，使得中国海洋石油勘探开发的能力从 300 米水深挺进到 3000 米。建设海洋强国离不开技术支撑。在成功打造 981 平台后，982、943、944 三座钻井平台的建设也开始启动。可以说，这些钻井平台不仅是技术的体现，更重要的是宣誓主权和增强实效控制的战略利器。

石油工程技术不是简单的中性技术，它常常具有非常深刻的政治含义，包含着社会需要，体现着国家和社会利益。

3. 技术的双重影响

油气资源是一种特殊的能源和工业原料，石油工程技术将油气这种自然资源转变为国民经济的血液，促进了经济发展和社会文明进步。但石油

工程技术在创造财富推动文明的同时，也给环境带来了污染。并且特别是在钻井、油气田开发、炼化、储运复杂技术系统运行中，稍有不慎就会发生井喷、泄漏、爆炸等重大安全事故，造成恶劣社会影响。

可见，从石油工程技术本身来看，它不只是解决问题的工具手段，它负载着政治、经济、文化等价值。从石油工程技术的社会影响看，具有正反双重效果，如果不加以约束，就很可能造成严重的社会后果。因此，石油工程技术发展离不开道德的干预和调节，技术伦理是石油工程伦理必须关注的首要问题。

4. 技术伦理关注的核心

技术伦理，就是通过对技术的行为进行伦理导向，使技术主体（技术设计者、技术生产者和销售者、技术消费者）在技术活动中，不仅考虑技术的可行性，而且还要考虑其活动的目的、手段以及后果的正当性。

技术伦理重点关注工程质量与安全，主要涉及工程师与管理者、技术标准、伦理标准与管理标准之间的关系。

7.2.2 利益伦理

石油工程活动不仅是一种技术活动，也是一种经济活动，因而利益伦理也是石油工程伦理必须关注的一个重要维度。

石油工程互动中充满着各种复杂的利益关系，比如存在着国家与地方、企业与管理部门、利润与成本、能源经济与环境保护间的对立统一。

总体上工程活动中的利益关系可以概括成两个方面：工程内部不同主体间的利益关系，工程与外部环境之间的利益关系。其中，工程内部不同主体之间的利益关系表现在工程活动的决策、规划、施工、监管、验收等各个阶段和环节。工程与外部环境之间的利益关系，又可以分为工程与社会环境的关系以及工程与自然环境的关系。[⊖]

处理这些复杂的利益关系，需要一系列的价值标准，最基础的有两条标准。效率与公平是人类经济生活中两个最基本的价值原则，石油工程活动也是经济活动，因此要坚持使效率与公平成为衡量石油工程活动的两个基本价值尺度。

⊖ 朱海林. 技术伦理、利益伦理与责任伦理 [J]. 科学技术哲学研究，2010（12）：62.

效率表达工程活动目的的价值实现，用以衡量一项工程在资源利用效率，特别是通过技术进步，降低工程成本、提高效益方面所达到的水平。它包括成本因素、技术基础、道德基础三个相互联系的因素。在这里值得注意的是道德基础这一因素，它包括人的主动性、积极性发挥，人际关系的协调等。在技术和成本一定的情况下，道德基础具有决定意义。

公平表达着工程活动中利益分配的伦理理想，主要是指工程活动中的权利与义务、利益与风险的公正分配，用以衡量一项工程在协调各方的利益关系、尊重和保障各方的基本权利等方面所达到的水平。实现工程活动内外各方利益的合理分配，是工程利益伦理坚持公平原则的一个基本要求，不仅关系到工程本身的质量与安全，而且关系到经济、社会与生态文明的建设和发展。$^\ominus$

案例

埃克森美孚公司曾开发过乍得—喀麦隆（Chad—Cameroon）石油管道项目，在 1996 年与非洲乍得、喀麦隆两国政府签署了合作协议，在乍得南部开展石油钻井，并铺设一条穿越乍得与喀麦隆的石油管道。这个项目当时预计在 25 年间可以给公司带来 57 亿美元的收入，也会让乍得与喀麦隆政府分获 20 亿与 500 亿美元的收益。

但是这个工程项目极具挑战性，面临巨大政治风险：一方面根据"透明国际"调查显示，乍得与喀麦隆政府清廉度不高，有单方面变更合作协议或将收入用于对抗其政治上反对派的可能；另一方面，计划修建的石油管道将穿过喀麦隆雨林，一些非政府组织担忧这个项目会破坏原住社群赖以生存的自然资源，引起环境问题（例如生物多样性减少、石油泄漏地下水污染等）。

面对这个项目带来的政治、社会、环境风险，埃克森美孚公司创造性地邀请世界银行共同参与该项目，把它作为共同利益相关者，对乍得、喀麦隆两国政府进行财政制约。世界银行与乍得政府签署了周全的财政管理计划，规定其石油收入的 85% 必须用于发展教育、医疗和农村项目，来改善国内公民的生活水平，并且成立独立的监督委员会负责监督执行。

　　$\ominus$　朱海林. 技术伦理、利益伦理与责任伦理 [J]. 科学技术哲学研究. 2010 (12)：62-63.

不仅如此，根据埃克森美孚公司的报告，为了这个项目顺利实施，他们举办了大约5000次公共协商会议，涵盖了与项目有关的上千人、上百个村落。通过广泛的民意调查与公众协商，这个项目的最终设计方案充分考虑了政治、社会、环境影响，包括设立环保基金、石油管道的路线更改、在喀麦隆建立两个国家公园、采取第三方环境监测保障、实施"原住民计划"、启动艾滋病与疟疾的预防项目，以及建设学校医院及其他公共设施。

埃克森美孚公司的这种做法，既保证了项目的收益，同时也没有忽视公平。该项目考虑了对该地区进行生态补偿，考虑了对原住社群生活的关照等问题，显示出了重构公平的努力。可以说，埃克森美孚公司的乍得—喀麦隆项目很好地平衡了效率与公平。

（资料来源：杨慧民. 科技人员的道德想象力研究［M］. 北京：人民出版社，2014：221-223）

正因为石油工程活动中的利益关系非常复杂，能否有效协调各方利益关系、实现效益与公平的统一，就构成了评价工程活动的一个重要标准，也成为利益伦理所要解决的核心议题。

7.2.3 责任伦理

在工程技术活动中，基于何种价值目标、选择何种技术方案，都是由人根据一定尺度自由选择的结果。人自由地选择技术方案和价值目标本身就意味着选择了责任。

1. 责任之提出

责任在伦理学中是新近出现的用语。传统的德性伦理学中，无论东方还是西方都没有"责任"这个概念。近代以来，洛克等对权利的重视，边沁等功利主义者对效果的强调，康德强调动机的道义论的伦理学，尽管已经蕴含有责任的意识在其中，但"责任"仍未凸显而获得伦理学家们的广泛关注。

随着技术飞速发展，在现代社会，技术已不再单纯是推动人类进步的工具，技术造成的负面后果使我们置身于巨大风险中。传统伦理学无力解答今天的新问题，因此，责任成为伦理学必须考虑的因素。德裔美籍学者尤纳斯（Hans Jonas）、美国学者雷德（John Ladd）等人提出了新的伦理观——责任伦理。

考虑到石油工程技术的价值内涵及社会影响，责任伦理构成石油工程伦理的第三个维度。技术伦理、利益伦理的落实离不开工程的履责行为。这里的责任伦理，我们仅探讨石油工程师的责任。

有种流行的观点认为，工程师无需对技术应用负道德责任，工程师只需关心技术问题，至于工程技术对社会、对公众有怎样的影响那不是工程师关心的事，也不是工程师的责任。

上述观点的出现与精细化的社会分工有不可分割的关系。现代社会分工有利于各司其职，但却可能使工程师只专注于自己的领域，对所从事的整个工程活动缺乏整体认识，对行业外的事情漠不关心，对自身行为的社会影响和后果缺乏意识，形成短视化的倾向。此外，专业化的分工导致行为和结果的分离，弱化了工程师的责任意识。一方面，在一个大型工程项目中，需要众多工程师协同合作，单个工程师微不足道的行为聚合起来，有可能出现难以预料的严重后果，这时难以确定单个工程师在其中承担的具体责任；另一方面，由于工程技术系统和组织决策因素的复杂性，工程师作为个体只是按指令计划完成其中的一个环节，他们看不到自身行为与最终结果间的关系，从而降低了道德敏感度。[⊖]

在社会中的专业人士，例如医生、律师、科学家、工程师，由于他们掌握了知识或特殊的权利，他们的行为会对他人、社会和自然带来比普通公众更大的影响。如果他们的专业知识和技能得以合理运用，那么是对社会的贡献；如果相反，那么这些专业人士，将给社会带来巨大的危害。因此需要有特殊的行规来约束其行为。

2. 工程师的责任

专业，不仅仅是一个技术的概念，还有伦理的因素。专业知识和技术不仅意味着力量、权利，更意味着责任。工程师由于掌握了专门的知识、技术，因此比任何人都更能预见工程的社会和政治效果。他们有责任向公众和政界说明这些效果。

还有一种看法认为，工程是一项集体的活动，这里不仅有科学家和工程师的分工、协作，还有决策者、管理者、使用者、投资者等等参与其中。这样责任的承担者就不能仅仅限于工程师，而且还涉及投资者、决策者乃至作为使用者的广大公众。

加拿大技术哲学家马里奥·邦格（M. Bunge）也持有这种观点，他认

⊖ 何放勋. 工程师伦理责任教育研究［M］. 北京：中国社会科学出版社，2010：62-65.

为"应用科学研究和技术研究与开发的目标，是由经营者和政治家而非科学家和工程技术专家选择的，他们理应担负更大的责任。"[⊖]

即便如邦格所说，责任主体是多元的，那么也不应免除工程师应尽的责任。这首先是因为工程师拥有意志自由，是能自主做出选择的主体，其次，工程师由于其社会地位比一般公众有特殊的重要性，他们在一定程度上能参与和影响工程决策。从这个角度讲，工程师对于工程的应用后果理应负有一定的社会责任。

工程师有其职业的特殊性，石油工程师更是如此，与医生、律师等专业人士不同，他们只是影响单个人或有限数量的人的利益，石油工程师的行为直接或间接地对大多数人甚至每一个人的工作、生活产生影响。石油工程师的行为不仅影响当下人们的利益，而且还影响生态环境及未来人们可持续发展的利益。可见，石油工程师所做的工作意义重大，因此责任重大。

借鉴尤纳斯责任理论，这里重点强调责任的前瞻性与反思性。这意味着石油工程师的责任含有对后代人的长远道德义务的关切，特别是对未来人类的尊重、责任与义务。这也意味着石油工程师必须对自己成果使用的预想后果负责，有对技术使用可能进行后果说明的义务。

责任伦理的意义不仅在于它的约束功能，更在于它的激励功能，它能够促进道德行为内在动力的生成。它超越了对工程本质的理解，去追求人的自我理解。责任伦理着力于使石油工程师增强对自我职业使命意义的理解，增强对职业责任的认同，从而将责任的意识转化为自觉的责任行为。

以上就是石油工程伦理包含的内容。技术伦理、利益伦理、责任伦理，这三者构成石油工程伦理的三个维度。

技术批判理论

《技术批判理论》（图7-2）是美国哲学家安德鲁·芬伯格在自己以前的《技术哲学三部曲》的基础上，修订出版的一本技术哲学专著。在这部著作中，芬伯格从马克思对技术的"设计批判"出发，借助马尔库塞、福柯、拉图尔等人的著作和观点，通过对技术设计案例的具体分

⊖ M. 邦格. 科学技术的价值判断与道德判断 [J]. 哲学译丛. 1993 (3).

析，阐明了技术的发展是一个社会斗争的舞台，它是由技术标准和社会标准共同决定的，可以沿着不同的方向发展。因此，真正解决技术产生的问题，就需要把人的全面发展的需求和自然环境的保护作为内在因素来考虑，将它们融合到技术的设计中，这样才能在事前避免技术的负面效应。芬伯格认为，通过一种技术政治学，可以创造出一种替代的技术体系。该书的出版在西方学术界内外引起了广泛的关注和讨论。[○]

图 7-2　《技术批判理论》

7.3　石油工程师履行的责任

工程是一份重要且需要博学的职业。人们期望，作为本职业的从业人员，工程师要表现出最高水准的诚实和正直。工程对全人类的生活质量都有直接且至关重要的影响。因此，工程师提供服务时必须诚实、公正、公平和公道，并且必须致力于保护公众健康、安全和福祉。工程师必须按职业行为规范履行其职责，这就要求他们遵守伦理行为的最高准则。

——美国国家职业工程师协会（NSPE）伦理章程序言

石油工程师在工程活动中扮演了非常重要的角色，石油工程的技术复杂性和社会联系性，要求工程师不仅精通专业技术，还要对工程活动的全面社会意义和长远影响有自觉的认识，从而承担起相应的责任。

石油工程师应当履行的责任概括起来有两大方面，一个是外部社会责任，另一个是内部社会责任。

7.3.1　外部社会责任

我们从重要的工程师协会的章程及 HSE（健康、安全、环境）国际石油天然气工业通行的管理体系中归纳出石油工程师对外部社会应履行的基本责任。

○　芬伯格. 技术批判理论［M］. 韩连庆，曹观法，译. 北京：北京大学出版社，2005.

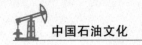

1. 工程师协会的章程和原则、HSE 管理体系

国际民用工程师协会制定的十四条规范第一条就是"忠实于公共利益、健康与安全";第八届"中日韩(东亚)工程院圆桌会议"上联合发出"关于工程道德的倡议":希望工程师"在涉及公众安全、健康和福祉方面,在各自的业务活动中凭良心行事",并要求工程师"在他们的业务活动中,遵守高的道德标准,以使工程技术对社会福祉做出贡献,改善人们的生活"。美国《工程师的伦理规范》规定:在履行自己的职责时,工程师应当把公众的安全、健康和福利放在首位;澳大利亚、德国等国家也有相关的规定。

SPE(Society of Petroleum Engineers,国际石油工程师协会)的会员指导原则也强调石油工程师应承担保护环境、公众福利的责任。

HSE 管理体系(Health Safety and Environment Management System),即健康、安全与环境管理体系,是国际石油天然气工业通行的管理体系。当前,我国石油系统也全面推行了 HSE 体系与内部控制管理体系。

以上重要的工程师协会的规章及 HSE 管理体系都有一个共同的要求,就是保证公众安全、健康、福祉,所以石油工程师在达成专业任务时,应将公众安全、健康、福祉放在优先的位置考虑。

在安全、健康、福祉中,健康福祉的基础是安全,可以说保障安全是石油工程师承担的最重要的基本责任。

2. 保障安全

保障安全对于石油工程师来说主要有两点:保障生产安全和保障环境与生态安全。

第一,保障生产安全。石油勘探开发的对象,是地下几千米或上万米的油气资源。石油工程的建设大多数都是处于高温高压、易燃易爆等危险的环境,工程实施过程中还涉及许多精密仪器、复杂工艺、高新技术。可以说,石油工程活动与风险相伴随,稍有疏忽便会酿成事故,造成损失,更为严重的会导致人员伤亡、环境破坏。因此,生产安全便成了石油行业的重要问题,进而也成为石油工程师需要关注的首要问题。

第二,保障环境与生态安全。生产安全与环境生态安全紧密相关。石油工程活动通过开发自然资源,创造了巨额财富,同时石油的开发和利用使得地球环境付出了沉重的代价。

图 7-3 中列举了近年发生的严重海洋石油开发事故(不包括油轮事故)。从统计数据可以看出,世界上海洋石油开发造成的石油泄漏事故的发生频率越来越高,造成的损失也越来越大。我国北方海区和珠江口已成为溢油事故多发地,加之其他污染因素影响,我国沿海海域已受到严重污染。

时间	地点	事故名称	事故原因	泄漏量	造成的后果
1977年	挪威和英国之间的北海	埃科菲斯克油田井喷事故	防喷器上下颠倒安装在了井口上	26.3万吨	导致方圆4000公里的海面为1~2毫米厚的浮油所覆盖，海域内的海洋生物遭到了巨大危害
1979年6月3日	墨西哥	Ixtoc 1号油田泄漏事故	爆炸着火	45.4万吨	Ixtoc 1号整个油田崩塌，海底石油泄漏一直持续到1980年3月份，造成的生态污染不可估量
1993年4月23日	渤海河北唐海果附近沿海	华北油田采油一厂井喷			大量虾池被污染
2006年6月1日	阿拉斯加北部海湾	阿拉斯加北部海湾重大石油泄漏事故	输油管损坏	1000多吨	污染了附近约8000平方米的苔原地带
2009年8月21日	澳大利亚西部金伯利海岸以北约250公里处	"西阿特拉斯"钻井平台泄漏事故	蒙塔拉钻油井发生爆裂	数百万升	油污范围达2.5万平方公里，造成海洋生态大灾难
2010年4月	美国南部墨西哥湾	墨西哥湾"深水地平线"钻井平台井喷漏油事故	井喷爆炸着火	490万桶	致7人重伤11人死亡，石油持续泄漏近三个月，成为美国历来最严重的油污大灾难
2010年6月	大西洋北海	丹麦马士基集团钻井平台北海原油泄漏事件	油泵的误操作	820桶	污染海域面积6平方公里
2010年6月	埃及红海石油泄漏	埃及红海石油泄漏事故	——	——	污染带蔓延了大约20公里，对当地的环境、海洋生物和旅游业造成威胁
2011年6月	蓬莱19-3油田	蓬莱19-3油田溢油事故	油气开发和生产	至少416立方米	造成了重大环境污染和社会危害

图 7-3　油田事故

（资料来源：陈安，刘霞. 蓬莱19-3油田溢油事件及其应急管理综述［J］. 科技促进发展. 2011（7）.）

　　据统计，每年全世界发生的海上石油灾难达数百起，对环境造成了巨大的损害。一旦发生溢油事故，大量燃油泄漏在海上，一时难以挥发和溶解，会形成油膜。不透明的油膜降低了光的通透性，影响海区的海空物质交换，从而使海洋产氧量减少。1升这样的水氧化要耗掉40万升水中的氧，许多海洋生物因此而窒息死亡。同时，油膜对周边海洋渔业，特别是贝类及养殖业是毁灭性打击。燃油一旦黏附在海鸟等生物的体表羽毛上，其保暖、潜水、飞翔等能力就会丧失，最后只能冻饿交加悲惨死去。燃油溶解后的分散状态和乳化状态所造成的有毒化学物质，会进入海洋生物食物链，一方面毒害海洋生物本身，另一方面可通过食物链最终富集在人体内，从而对人类健康造成严重危害。

　　自然环境是人类赖以生存的根本，世界工程组织联盟（the World Federation of Engineering Organizations）在 1985 年通过了"工程师环境伦理准则"，强调人类"在这个星球上的生存和幸福，取决于（他们提供的）对环境的关心和爱护"。⊖徐匡迪院士在 2004 年上海召开的第二届世界工程师

⊖　C. Mitcham, R. Shannon Duval. Engineering Ethics ［M］. New Jersey：Prentice Hall, 2000：125. 转引自：张永强，姚立根. 工程伦理学 ［M］. 北京：高等教育出版社，2014：214.

大会上也曾明确提出，可持续发展是工程师的职业责任。

这就要求石油工程师在进行工程活动时不但要考虑经济利益还要考虑环境影响；不但要惠及人类自身利益，还应当考虑地球生态影响；不但要顾及眼前利益，还应当考虑长远影响，协调好人与自然、工程活动与环境的关系。石油工程师有责任在生产作业中把对环境的危害降到最低程度，通过各种技术手段合理利用资源，降低油气生产过程中的温室气体排放，并致力于开发利用清洁能源。

保障生产安全、保障环境与生态安全是石油工程师最重要的基本责任。那么如何保障安全呢？

绝对安全意味着零风险，但这在现实上是不可能的。有些风险不可避免，例如，由高技术系统的紧密结合性和复杂相关性使得事故的发生难以预测和控制。这里将保障安全定义为对风险进行控制，而风险是指那些可以避免的风险。

对于石油工程师来说，保障安全就是石油工程师以对社会、对公众负责任的态度承担好技术责任，同时协调好个人利益与社会利益，在决策、设计、实施、运行等环节中保持风险意识，对风险进行预判，谨慎规避风险或对风险进行控制。

3. 风险控制

从工程师的角度看，工程中的风险控制表现在三方面：严谨的设计，遵守操作规程，具备应急预案。[一]

第一，严谨的设计。1986 年 4 月 26 日，切诺贝利核电厂发生爆炸，被释放到空中的辐射，相当于福岛核事故的 14 倍和广岛原子弹能量的 400 倍。超过 33 万居民被迫撤离，乌克兰、白俄罗斯与俄罗斯共 56 700 平方英里[二]的土地被污染。[三]

切诺贝利事故是人类核能发展史上第一次有着重大环境影响的事故，这次事故的内在原因在于石墨沸水堆设计本身存在着安全隐患。事实上许多工程事故的发生都是由于存在着设计的缺陷，它们以巨大的代价，在安全管理和人员安全素养方面给人以重大警示。

可见，严谨的工作作风，精益求精的态度对于工程师来说是非常必要

[一] 顾剑，顾祥林. 工程伦理学［M］. 上海：同济大学出版社，2015：121-127.

[二] 1 平方英里 = 2.58999 × 10^6 平方米。

[三] 数据来源：30 年前的今天，切诺贝利真相揭露，新京报书评周刊，2016-05-14.

的。只有这样才能不放过有价值的第一手资料和真实信息，保证正确选择每一个环节上的技术手段，也只有这样才能保证工程的质量。石油工程师应当以高度的责任心关注生产过程中的环节、细节，通过完善设计提高效率，增强设备的安全性，降低风险，杜绝跑冒滴漏情况的发生。

此外需要注意的是，严谨的设计是有安全出口的，通过安全出口的设计减免风险。比如说，轮船上的救生艇，建筑用的火灾逃出口，产生有害废弃物的工厂需要预备安全地处理危险产品和材料，这些都是安全出口的例子。

工程师在产品设计时应该有预防措施，保证当产品失效时：①它将安全地失效；②产品可以被安全地抛弃；③用户可以安全地逃离产品。这三个条件就叫安全出口。提供安全出口是完善的工程项目的有机组成部分。

严谨的设计还强调对过程的控制，石油工程是复杂的系统，存在不可控风险，如果很难把风险减少到零，那么在设计中，应对风险进行分割设计，将风险化整为零。

第二，遵守操作规程。规章守则也是一种防范风险的手段，应严格遵守。许多事故的发生主要归于人因错误，有人做了不该做的事情，有人没做该做的事情，无视规章。2010年BP墨西哥湾漏油事故的发生也是由于施工人员为了节省成本和时间，忽视了烦琐而复杂的作业程序，多次选择高风险作业。2011年康菲溢油同样是操作者没有考虑到地质结构的特点，对危险性认识不足并违规操作所导致的祸患。

第三，具备应急预案。工程中风险控制第三点强调，在万一出现某种风险时，应具备恰当的应急预案。

最近几年，近海采油在我国发展迅速，但是相关的危机预案和应对机制却不足。2011年6月发生康菲溢油事故，造成海水污染。据国家海洋局数据显示，截至2011年8月25日，溢油累计2000桶左右，造成5500多平方千米海水污染，养殖户们遭受的经济损失超过10亿元。这起事故被国务院调查组定性为中国迄今最严重的海洋生态事故和漏油事故。在这次漏油事件中，由于缺乏经验和手段，缺乏紧急预案，在一定程度上造成了溢油污染范围的扩大和蔓延，使损失加重。

因此，石油工程师应根据石油工程的具体情况，通过详细分析工程项目可能出现的风险因素，制定出科学、合理的风险管理预案，以有效应对突发风险，减少事故损失。

7.3.2 内部社会责任

因为工程活动事关人类的安全、健康、福祉，所以人们期望和要求工程师自觉地寻求和坚持真理，避免所有欺骗行为。诚实是工程师应履行的最重要的基本内在责任。

诚实要求避免欺骗，下面几种行为应当被禁止：工程研究和测试中的不诚实；观点态度的不诚实；重大信息披露的不诚实。⊖

第一，工程研究和测试中的不诚实。

19世纪，数学家巴比奇（Charles Babbage）将研究中的不诚实行为分为四类：伪造、恶作剧、修剪和烹饪。伪造，是指为了建立研究者自己的声誉而使用杜撰的数据。恶作剧，是指故意造假娱乐大众。修剪，是指将不规则的数据进行修饰使得它们看上去非常准确和精确。烹饪，是指有选择地报告结果、伪造数据、按照支持自己偏爱的结果方向来修改数据。

除了上述几种情况之外，没有尽力去发现真理也是工程师研究中的不诚实。例如，某工程师怀疑自己从测试中获得的数据有可能不准确，但是如果对这些数据照搬照用，尽管没有撒谎，也没有隐瞒事实真相，但按照上述标准，他也是一个不诚实的人，一个在实验结果使用方面不负责任的人。

工程研究和测试中最严重的不诚实是剽窃。在没有正当许可或致谢的情况下使用他人的智力成果，这是一种偷窃行为。

第二，观点态度的不诚实。

案例

约翰是一位联合培养的学生，他在一家石油探测公司谋得一份暑期工作，这是一家为大型石油公司做承包探测的公司，它从事钻孔、测试，并基于测试结果向客户提供咨询报告。约翰作为一位石油工程专业的高年级本科生，被分配去管理一群按客户要求在不同地点试钻的码头工人和技术员。约翰的职责是将原始数据转换成简明报表供客户使用。

约翰高中时的老朋友保罗是码头工人的工头。事实上，是保罗帮助约翰得到这份高报酬暑期工作的。在检查前一次钻孔报告的现场数据时，

⊖ 顾剑，顾祥林. 工程伦理学［M］. 上海：同济大学出版社，2015：86-88.

约翰发现一个重要的步骤被遗漏了，除非返回现场重复整个测试，否则将无法更正数据，而返工需要公司付出很大一笔资金，被漏掉的那步是需要那个工头在倒入测试钻孔点的润滑剂中添加一种化学测试剂，这一测试是重要的，因为它提供了确定钻孔点是否值得进行天然气开采的数据。不幸的是，保罗在最后一个钻孔点忘记添加这种化学测试剂了。

约翰知道，如果曝光保罗的过失，那么保罗很可能会失去这份工作，在这个石油产业低迷、他的妻子又怀孕的当口，保罗丢不起这份工作，约翰从过去公司的数据文件中得知，该化学添加剂表明天然气存在的概率大约为测试的百分之一。

约翰是否应该向他的上司隐瞒没有正常进行天然气测试的信息？他应该向他的客户隐瞒这一信息吗？○

工程职业服务的一个重要方面就是专业判断。如果这种判断受到利益冲突或其他外在因素的影响，可能导致工程师观点态度的不诚实。设想某工程师正在设计一个项目，需要一个管道阀门，他与销售该设备企业的销售员是同乡好友，于是他从这家公司预订了管道阀门。虽然该阀门质量尚好，但不是性价比最高。这种做法因明显的态度倾向而不能发挥最佳的专业判断，所以也是一种不诚实。

第三，重大信息披露的不诚实。

此外，如果没有传递听者合理地期望不被忽视的信息，并且这种隐瞒是为了欺骗，例如压制信息、没有适当促进信息扩散等行为，那么这也是不诚实的表现。

例如，某工程师在向上司推荐某一项目时，故意不提及该项目的负面效应，那么他就是在进行严重的欺骗。

工程实施过程中，有时因工程工艺或产品质量出现问题，危及相关人员财产人身安全，对这些问题，工程师工作在第一线，通常能够获得第一手资料，最先发现问题。工程师不说假话、不故意隐瞒事实真相、及时传播信息，是防范和减少事故发生的首要保障。

○　资料来源：哈里斯，等．工程伦理概念与案例［M］．第 5 版．丛杭青，等译．杭州：浙江大学出版社，2018.

7.3.3 责任的冲突与协调

在现实生活中，工程师的责任往往是相互冲突的。这源于工程师的不同的责任对象各自不同利益的冲突。

1. 现实多元利益的冲突

在工程师的责任对象中，公众、所属企业和环境各自代表了不同的利益，而各种利益之间不可避免地会发生冲突。例如：降低工程成本、节约开支与工程质量和公共安全之间的矛盾，降低成本与开发技术、改进设备、降耗节能之间的矛盾；工程对经济价值的追求与社会责任、公共福利之间的矛盾；履行工程师职业道德与工程管理制度及社会大环境之间的矛盾等。

这些冲突可以概括成两大突出矛盾：所属企业利益与公众利益的矛盾；所属企业利益与自然环境利益的矛盾。这两大矛盾也是工程师在现实社会实践中总会遇到的突出问题。

2. 工程师社会责任冲突的协调

既然工程师社会责任存在冲突，那么责任的协调是否存在可能？答案是肯定的。这是因为，第一，工程师对公众责任、对所属企业的责任和对生态的责任冲突本质上是社会效益、企业效益和生态效益三者的矛盾。而社会效益、企业效益和生态效益三者是可以统一的。一方面，社会效益和生态效益代表的是全局的、根本的和长远的利益；另一方面，企业效益代表的是局部的、非根本的和眼前的利益。对全局、根本长远利益的损害，反过来会影响和削减企业利益的实现，而对全局、根本和长远利益的保护则有利于企业效益的实现。

第二，工程师拥有自由意志，面对伦理冲突时，可以通过理性选择调整行为，来最终实现责任冲突的协调。例如，某企业计划在某地投产石油炼化项目，能够给企业带来可观的利润，但某工程师得知该项目的排放物会对当地环境造成破坏，会对附近居民健康造成影响，他在进行谨慎的评断后，应向所属企业提出反对意见或提出改进、补偿方案，尽量避免或降低对公众和生态环境造成的负面影响。如果方案得到企业采纳，尽管对企业而言提高了项目成本，放弃了部分经济利益，但是赢得了社会和生态的长远效益，履行了企业社会责任，这种情形对公众、企业本身、环境都有利，从而形成多赢格局。

如果方案没有得到采纳，情形便会大为不同。那么如何协调工程师社会责任的冲突呢？

解决不同的责任之间发生冲突的情形，必须依据一定的基本原则。德国哲学家伦克提出了优先秩序原则来解决责任的冲突，我国学者根据伦克提出的基本原则，提出了更为适用的观点，在此我们借鉴其观点⊖。

——对公众的责任优于对所属企业的责任，即强调把公众的利益放在首位。

——人际责任大多数情形优于技术责任。技术的求真和效率是从属于人的利益的。一项工程应是合乎技术要求的，同时必须是合乎人性的。例如一种催化技术是极有效率的，但是它对人体有害，对环境也存在潜在风险，此种情形就要求工程师出于人际责任，放弃这项技术的推广，重新去研发危害程度相对较低或无危害的替代技术。

——人类整体责任优于人际责任和技术责任。当今，石油工程师的工程活动是在全球化环境中进行的，全球化时代人类形成了命运共同体，因此我们必须从整体思维角度理解人类生存，不能忽视人类未来的长远整体利益。总体上讲，工程师对人类整体的责任应优于同一文化圈、同一种族的人际责任和技术责任。

3. 工程师美德

在一些情况中，工程师会囿于经济利益和个人声誉而抱着侥幸心理对潜在的风险"视而不见"，因为这些风险是规章允许范围内的。但是很多时候，灾难的避免恰恰在于工程师不仅仅做了他义务规定范围内的事，而是做了多于规章所要求的事，即工程风险的成功规避在很多情况下依赖于工程师的善举。工程师不仅需要履行基本的责任，更需要美德，责任和担当应该成为石油工程师行为的坐标和初心，只有恪守这个初心，沿着这个坐标，才能行稳致远，从而创造出更大的人类福祉，描绘出更美好的发展蓝图。

拓展阅读

《国际石油工程师协会职业行为守则》

国际石油工程师协会（SPE）是全球最大的为石油和天然气行业上游部门的管理者、工程师、科学家和其他专业人士服务的个人成员组织。该协会源于美国采矿工程师协会（AIME）中的石油和天然气常设委员会，由于成员数量的增加以及成员兴趣越来越明确地倾向于分属采矿、冶金与石油不同的领域，1957 年，SPE 作为 AIME 的一个组成部分

⊖ 陈万求. 工程技术伦理研究 ［M］. 北京：社会科学文献出版社，2012.

正式成立。1985 年，SPE 从 AIME 中独立出来。截至 2018 年，其成员遍及 154 个国家，156000 多名会员参加了 203 个分会和 383 个学生分会。SPE 的会员包括 72000 名学生。

SPE 制定了石油工程师职业行为规范，要求会员竭力做到诚实、正直、无偏私、公正、公平；在职业行为中承担遵守法律、保护环境、维护公共福利的责任。（资料来源：国际石油工程师协会（SPE）职业行为守则，https://www.spe.org/about/professional-code-of-conduct/。）

思考题

阅读以下材料：石油工业历史上的"911"：墨西哥湾原油泄漏事件

2010 年 4 月 20 日，美国墨西哥湾密西西比海底峡谷 252 区块 Macondo 探区，在相隔 10 秒的两次大爆炸后，"深水地平线"钻井平台升起一团熊熊燃烧的大火，于两日后沉入墨西哥湾。本次井喷爆炸着火是美国近 50 年来发生的最严重的海上钻井事故，导致 11 人死亡，17 人受伤，并造成了人类历史上最大的海洋石油泄漏污染，严重破坏了墨西哥湾生态平衡，被美国前总统奥巴马比作环保界的"911"事件。

英国石油（BP）拥有该区块的租赁权并担任作业者，"深水地平线"钻井平台也被称为世界上最先进的第五代半潜式钻井平台。

（一）基本情况

1. 作业者与承包商

区块：Mississippi Canyon Block 252 位于美国路易斯安那州海洋 Maconda 探区。

股份：BP 拥有 65% 的权益，美国 Anadarko 石油公司和日本三井物产公司分别拥有 25% 和 10% 的权益。

作业水深：1524 米。

离岸距离：77 公里。

石油公司：BP 公司。

钻井承包商：越洋钻探公司（Transoocean）。

固井服务公司：哈里伯顿公司。

防喷器供应商：Cameron 公司。

2. 平台情况

第五代半潜式钻井平台。

建造者：韩国重工。

最大作业水深：2438 米。

额定深钻能力：9114 米。

定员：130 人。

3. 人员情况

该平台可容纳 130 人。事故发生时，平台上共有 126 人，其中越洋钻探公司的员工 79 名，英国石油公司（BP）员工 6 名，承包商人员 41 名。

（二）事故经过

2010 年 4 月 20 日，在墨西哥湾密西西比河峡谷 252 区块 Macondo 探区作业人员已将生产套管下至钻井深度 5579.1m 处并固井，由于已完成压力测试，工作人员正在做临时弃井的准备工作。

21 时 01 分：作为临时弃井常规作业的一部分，在海水替代泥浆的过程中，当较重的泥浆为较轻的海水置换时，压力本应下降，但相反，钻杆压力上升了 689.5kPa。这说明油井出现了问题。

21 时 14 分：钻井工人采取了一系列的井控措施试图降低钻杆压力以调查压差。

21 时 40 分：泥浆和油气已经到处扩散并流到海里……

爆炸：21 时 47 分，第一声可燃气报警响起，1 分钟内电力被中断，然后爆炸几乎同时发生，约 10 秒后发生了第二次爆炸，随后钻井人员试图关井并将平台和油井脱开，然而未能成功。22 时人员开始撤离，而这艘造价约 3.5 亿美元的平台最终未能幸免，化作了一团熊熊燃烧的大火。虽然平台上 126 人大部分撤离，但仍有 11 人死亡，17 人受伤。

沉没：大约在爆炸 36 小时后，即 4 月 22 日上午 10 时，平台再次发生爆炸，救援船队绝望地看着"深水地平线"号钻井平台沉入深海……由于担心泄漏，BP 立即派出两台水下机器人来尝试关闭一些可控制泄漏的按钮和阀门，很庆幸的是没有发现原油泄露。

漏油：2010 年 4 月 24 日，海底探测器显示，隔水导管和套管开始漏油，预计漏油量每天超过 1000 桶。

应急处理：当局者起初以为这仅仅是一场普通的漏油事故，只出动飞机和船只清理海面浮油。

形势恶化：2010 年 4 月 28 日，美国国家海洋和大气管理局估计，每天漏油高达 5000 桶，5 倍于先前的预估，并且连续发现了三处漏油点。根

据海岸警卫队和救灾部门提供的图表显示,浮油覆盖面积长160千米,最宽处72千米。从空中看,浮油稠密区像一只只触手,伸向海岸线,沿岸生态危在旦夕。

事故升级:2010年5月29日,被认为能够控制住漏油的"灭顶法"宣告失败。2010年6月23日事故再次恶化:原本用来控制漏油点的水下装置因发生故障而被拆下修理,滚滚原油在被压制了数周后,重新喷涌而出,向人类和海洋生物袭来。

封堵成功:2010年7月10日,BP公司卸除了失效的控漏装置,换上了新的控油罩。5天后(7月15日),BP公司宣布新的控油装置已成功罩住水下漏油点,而距离事故发生已经过去整整3个月。

BP事故负责人表示,虽然目前控制住了漏油,但为了永久性封住漏油油井,BP公司将会继续打减压井。

永久封闭:2010年9月19日,伴随着减压井的完工,美国原油泄漏事故救灾总指挥萨德·艾伦宣布,墨西哥湾漏油井已被永久封堵!井虽成功封堵,但是泄露的400万桶原油,只收回了81万桶,仍有约319万桶原油泄露至墨西哥湾。不仅如此,此次事故造成了近1500千米海滩受到污染,至少2500平方千米的海水被石油覆盖。

(三)事故处理:BP救援的九种武器

专家总动员:BP公司在休斯敦快速设立了一个大型事故指挥中心,从160家石油公司调集了500人。随后又专门聘请道达尔、埃克森等专家商讨救援措施。

及时清污:4月25日,BP通过铺设围油栏、稻草墙和防护堤坝等措施设置隔离带,并每天投放大量分散剂(Corexit 9500和Corexit EC9527A),投放数量之多,前所未有。同时使用吸油棒吸油,但一切努力在每天泄露的上万桶原油面前还是略显苍白。

机器人水下关井:4月26日,BP出动了多台水下机器人(ROV)尝试关闭水下防喷器来实现关井,但ROV显示有东西卡住,计划以失败告终。

"金钟罩":随后BP打造了一个顶部开孔的钟形控油罩,希望用它罩住漏油点,将原油从顶部通过油管疏导到海面上的油轮。

但是这个重约125吨的控油罩在即将抵达漏油点时,却停止了下沉。经过研究才发现:在控油罩下降过程中,深海中的洋流裹挟着原油和天然气进入了控油罩内,天然气在深海的低温高压环境下形成了甲烷水合物

（也就是可燃冰），堵塞了控油罩顶部的输油口。

"大礼帽"：为了解决甲烷水合物的问题，BP 又设计了一个"大礼帽"，它比之前的"金钟罩"体积要小得多。为了抑制甲烷水合物的形成，在下放"大礼帽"的过程中向其缓缓注入甲醇，不过该方法治标不治本，效果不佳，未能控制漏油。

安装吸油管吸油：BP 公司 5 月 14 日开始在海底漏油口安装吸油管。虽然经过多次艰难尝试后，最终在 16 日控制 ROV，在水下约 1600 米处连接上一个泄漏点，但吸油效果并不理想。

经历了几次失败，BP 意识到仅靠收集原油不能从根本上解决问题，必须封堵油井才能彻底"根治"。

灭顶法：BP 公司 5 月 26 日启用"Top Kill"封堵，从井眼顶部向破损油井注入封堵材料进行封堵。值得注意的是，工程师们选用生活垃圾作为封堵材料，一类是松软有弹性的材料，比如网球，起到填充缝隙，膨胀密封的效果；另一类则是坚硬的材料，主要起支撑作用，配合加重钻井液和水泥封堵油井。但井底压力过大，注入的封堵材料被井内的高压流体冲出油井，灭顶法最终以失败告终。

切管盖帽法：就是用深海机器人切断防喷阀门上方的漏油管道，下放防喷阀门以控制漏油，并在阀门上方安装控油管道，将泄露的原油抽出。

采用此方法后，BP 公司 8 月 4 日成功用一个漏斗状装置"盖住"墨西哥湾海底的漏油油井，并开始将泄漏的原油和天然气输送到海面上。该装置 24 小时内共收集 6000 桶原油。8 月 16 日，美国官方估测每天能收集 3500～6000 吨原油。

钻井救援：虽然切管盖帽法控制住了大部分漏油，但为了保证安全，BP 继续在漏油油井东西两个方向各钻一口救援井，从救援井中向漏油油井注入重泥浆，以实现彻底封堵。5 月 2 日，第一口救援井开钻，5 月 16 日，第二口救援井开钻，两口救援井在 4 个月内完工。

（四）事故原因：选材、施工、管理九宗罪

"深水地平线"钻井平台是世界上最先进的第五代半潜式钻井平台，可在水深 2438m 的海域作业，造价 3.5 亿美元，作业日均费用达到 49.68 万美元/天，于 2001 年交付下水。世界一流的公司、顶级的设备，怎么会酿成如此重大事故？

事故调查发现，墨西哥湾漏油事件是一起人为的责任事故。

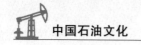

1. 套管选择失误

套管是用于支撑油气井井壁的钢管，需要根据井况和井深来选择相应的套管。在 2010 年 4 月 9 日，作业者就对先下尾管还是直接下长串生产套管问题展开激烈讨论。下尾管会减慢施工进度，而下入长串生产套管是一种较快的作业方式，工期可以减少 3 天；直接下套管还可节约 700 万 ~ 1000 万美元，最后 BP 决定在 4 月 15 日直接下长串生产套管完井。

2. 违规减少扶正器

在下套管过程中，扶正器非常重要。扶正器安装在套管外侧，用来支撑套管，使套管顺利下到预定井深，并使套管在井眼内居中。哈里伯顿固井工程师按照 API RP65 规范，并通过计算机模拟计算出应使用 21 个套管扶正器，才能基本保证固井质量，而实际上 Macondo 井队下套管时只安放了 6 个扶正器，大大增加了上部蹿槽的风险。

3. 水泥浆封堵缺陷把控不严

下完套管后，为防止油气从产层中进入井眼，开始注入水泥。BP 使用的是一种轻质的氮化泡沫水泥浆，虽然封堵效果好，但是稳定性差。这要归结于前期哈里伯顿公司室内水泥浆试验不全面，加之 BP 把关不严，没有发现水泥浆设计的潜在缺陷。再加上固井方案设计的水泥浆用量太少，固井前钻井泥浆循环不够等等因素降低了固井质量，最后出了问题。

4. 缩短候凝时间

注入的水泥需要一段时间来凝固，即候凝。由于此钻井进度比计划推迟了大约 42 天，BP 公司为了赶进度，仅候凝 16.5 小时，就令井队用海水替换钻井液。由此导致压力失衡，井内液压柱压力不足以平衡地层压力，从而引发地层液体涌入井筒。

5. 未进行水泥胶结测井

水泥胶结测井就是用一个声波仪器来检测水泥是否与套管外壁和井洞壁胶合结实。水泥胶结测井是检验固井质量重要的一步，若发现水泥中有空隙，可以在套管上钻个孔再注入一些水泥。

平台爆炸两天之前，BP 派来斯伦贝谢的服务人员进行水泥胶结测井。但 BP 后来又决定不测了。据称，一次测井需要花费 9 ~ 12 个小时并支付 12.8 万美元。

6. 负试压误认为成功

固井施工按照预定计划完成后，需要根据设计测固井质量。20 日上午，对油井进行第一次完整性测试——正试压，试压成功。下午做负试压，先使用隔离液，然后利用海水置换井中的一些泥浆，虽然此次试压有些异常，但被认为是成功的。

7. 未及时发现溢流

从现场录井资料来看，该井在潜水过程中，在20：10，泥浆罐的液量急剧增加，到20：35，已增加了500多桶，但现场无人及时发现溢流，错误地继续进行循环，没有及时采取应对措施。直到天然气到井口，才在停泵观察后关井，错失了关井的正确时机。有报道讲，井架工曾给司钻说钻井液溢出太多了，但随即就发生了强烈井喷，油气弥漫平台，发生了爆炸。

8. 防喷器失效

安装在井口的防喷器（Blow-out preventer，BOP）是防止漏油的最后一道屏障。但深水地平线平台的防喷器在发生漏油后并未正常启动，此外平台上装备的一套自动备用系统也未能被激活，因此防喷器当时并没有发挥作用。

防喷器为什么会失效呢？《华盛顿邮报》23日援引一份信件报道，为节省时间和经费，"深水地平线"防喷阀中没有使用永久性"变径闸板"，取而代之的是一个测试阀门，这增加了阀门失效的风险。

9. 管理缺位

截至2010年，该平台连续7年无事故，事发当天BP的7名高级官员在现场庆祝，未能第一时间参与救援。

赶工酿祸患：该井设计钻井周期51天，但实际作业时间超设计周期43天，光平台租赁费就多花了2100多万美金。

监管不力：每个月都要求做一次安全检查，但BP的检查率只有41%～75%，而且并不认真。

（五）事故影响：BP的罪与罚

漏油井虽然永久封闭了，但是事故造成的影响却是一场持续的灾难。

1. 人员生命健康不可挽回

墨西哥湾BP海上钻井平台井喷、爆炸、溢油事故，导致11人死亡，17人受伤。

2. 生态环境损失不可估量

大量泄漏的原油，加之后期海风和暖流加速了海面油污的扩散，使漏油事态进一步恶化，导致多物种灭绝，破坏了墨西哥湾整体的生态平衡。

一方面是海面遭浮油覆盖，洋流循环缓慢，氧气补充缓慢，再加上后期化油作业本身消耗水溶氧，使该地海洋生物可能因缺氧危及生存；另一方面是 BP 处理漏油时喷洒的分散剂含有很多有害成分，对海洋生物造成了致命的伤害。

3. 居民健康危害不容小觑

路易斯安那救援队的非营利环保机构在 2010 年的 7 月至 10 月间发布的报告指出，有 46% 的路易斯安那州受访居民称他们受到原油和分散剂的伤害，同时有 75% 的受访居民认为他们正受到一些副作用的影响，比如恶心、皮肤过敏等。同时，2010 年参与喷洒分散剂的工人也正饱受头痛、恶心等症状的困扰。

4. 四大主要产业损失巨大

石油、渔业、旅游和运输是墨西哥湾地区的四大主要产业。漏油事件对石油开采的影响最大，事故后，美国政府签发了新版墨西哥湾"禁采令"，宣布在 11 月 30 日之前，没有达到作业要求的公司将失去在墨西哥湾开采油气的资格。

渔业是受漏油事故影响最直接的行业，超过 30% 的墨西哥湾水域被禁渔。旅游业的损失同样巨大。

5. BP 承担的惨重代价

（1）巨额事故处理费用：截至 2010 年 9 月，BP 为应对漏油事故的支出达 80 亿美元。在 2012 年年底，墨西哥湾沿岸的德克萨斯州、路易斯安那州、密西西比州、亚拉巴马州和佛罗里达州与 BP 达成协议，BP 在 18 年内向这五个州政府和 400 家地方政府机构分期支付 187 亿美元，以弥补漏油事件造成的人员伤亡和环境破坏。

（2）巨额罚单：2012 年 11 月 15 日，BP 公司与美国政府达成了解决方案，在未来 5 年内支付 45.25 亿美元赔偿，从而换取美国取消对他们的刑事指控。

2015 年 10 月 5 日，美国政府裁定向 BP 公司 2010 年原油泄漏事故罚款 208 亿美元，创下美国历史上金额最大的环境污染罚单。

（3）股价暴跌、声誉受损：BP 也为此出售了超过 500 亿美元的资产，市值缩水逾 700 亿美元，评级由 AAA 级降至 BBB 级，连降 6 级。人员伤亡、溢油污染严重影响 BP 声誉。

随后，BP 实施了重大的战略调整：通过剥离转让非核心资产，严格控制投资规模等措施，使其在 2013 年取得了一定成效，但随着 2014 年油价大幅下跌，BP 再次陷入困境。

（4）大规模裁员：在重压下，曾经风光无限的石油巨头 BP 一步步走向暗淡。

英国《金融时报》2015 年 1 月 27 日报道，BP 已宣布冻结 8 万员工 2015 年的基本工资，大规模裁员，削减资本开支 200 亿美元，延迟或暂停部分上下游业务。

（资料来源：孟伟，王伟．美国墨西哥湾原油泄漏事故回顾［J］．劳动保护．2016．（7）；

不能忘却的纪念——石油工业历史上的"911"事件．微信公众号：石油课堂；BP 全面冻结员工今年薪资［N］．经济参考报，2015-01-28；http://jjckb．xinhuanet．com/2015-01/28/content_536265．htm。）

根据以上材料讨论：

1. 该事故的发生是由哪些风险因素引起的？收集 2011 年发生在中国渤海湾的康菲溢油事故相关信息，对比分析引发事故的风险因素、应急处理措施及处理结果。

2. 在防范工程风险发生中存在哪些伦理问题？

3. 工程师、管理者、企业需要承担哪些伦理责任？

在线测试题

一、简答题（主观题）

简述为什么要对石油工程进行伦理约束？

二、选择题

石油工程伦理包含着哪几层伦理维度？（　　　）

①技术伦理　②利益伦理　③责任伦理

A. 仅①　　　　　B. ②和③　　　　　C. ①、②和③　　　D. 仅③

三、填空题

技术伦理重点关注工程的（　　　）；利益伦理的两个基本原则是（　　　）；责任伦理的意义不仅在于它的（　　　）功能，更重要在于它的（　　　）功能。

参 考 文 献

[1] 王才良. 世界石油工业 140 年 [M]. 北京：石油工业出版社，2005.

[2] 刘建生. 面向新未来：后化石能源时代 [M]. 北京：经济日报出版社，2005.

[3] 关晓红. 世纪大庆："持续有效发展，创建百年油田"纪实 [M]. 北京：石油工业出版社，2005.

[4] 贾文瑞. 21 世纪中国能源、环境与石油工业发展 [M]. 北京：石油工业出版社，2002.

[5] 张时强. 中国石油百科全书 [M]. 哈尔滨：哈尔滨地图出版社，2006.

[6] 杨慧民. 科技人员的道德想象力研究 [M]. 北京：人民出版社，2014.

[7] 张永强，姚立根. 工程伦理学 [M]. 北京：高等教育出版社，2014.

[8] 李书森. 石油知识与石油文化 [M]. 北京：石油工业出版社，2015.

[9] 何放勋. 工程师伦理责任教育研究 [M]. 北京：中国社会科学出版社，2010.

[10] 张宏. 解读黄岛事故调查报告，落实管道完整性管理 [J]. 油气储运，2014 (11).

[11] 孟伟，王伟. 美国墨西哥湾原油泄漏事故回顾 [J]. 劳动保护，2016 (7).

[12] 胡文瑞. 解码石油工程四大基因 [J]. 中国石油石化，2011 (19).

[13] 朱海林. 技术伦理、利益伦理与责任伦理 [J]. 科学技术哲学研究，2010 (12).

[14] 吴致远. 有关技术中性论的三个问题 [J]. 自然辩证法通讯，2013，35 (6).

[15] 吴国盛. 技术哲学讲演录 [M]. 北京：中国人民大学出版社，2009.

[16] 陈万求. 工程技术伦理研究 [M]. 北京：社会科学文献出版社，2012.

[17] 李文潮. 技术伦理与形而上学 [J]. 自然辩证法研究，2003 (2).

[18] 顾剑，顾祥林. 工程伦理学 [M]. 上海：同济大学出版社，2015.

[19] 钟健平，王宝玉. 探讨石油工程安全管理中的风险管理 [J]. 中小企业管理与科技（下旬刊），2016 (2).

[20] 陈安，刘霞. 蓬莱 19-3 油田溢油事件及其应急管理综述 [J]. 科技促进发展，2011 (7).

[21] 胡遵. 切尔诺贝利事故及其影响与教训 [J]. 辐射防护，1994 (9).

[22] 苏俊斌，曹南燕. 中国工程师伦理意识的变迁 [J]. 自然辩证法通讯，2008 (6).

[23] 哈里斯，等. 工程伦理概念与案例 [M]. 丛杭青，等译. 5 版. 杭州：浙江大学出版社，2018.

[24] 潘涛，贺新春，杨兆明，张安. 石油企业实施创新驱动发展战略思考 [J]. 石油科技论坛，2014 (2).

[25] 科技创新支撑中国石油稳健发展 [N]. 人民日报，2016-01-18 (1).

[26] 田泽，刘钰. 我国石油企业跨国经营战略的探讨 [J]. 石油化工经济，2004 (2).

[27] 张恒力. 工程师伦理问题研究 [M]. 北京：中国社会科学出版社，2013.

[28] 肖平. 工程伦理导论 [M]. 北京：北京大学出版社，2009.